马铃薯机械播种理论与技术

王希英　著

电子工业出版社.
Publishing House of Electronics Industry
北京 · **BEIJING**

内 容 简 介

本书在国内外马铃薯机械播种技术发展现状的基础上，采用理论分析、EDEM 虚拟仿真、高速摄像及试验研究相结合的方法，对马铃薯播种机关键部件的结构、工作原理、参数进行研究与探索。从介绍马铃薯播种机关键部件的结构和工作原理入手，将运动学和动力学理论、计算机仿真技术和高速摄像技术相结合，对马铃薯播种机关键部件（排种器）进行系统的介绍与分析。全书共 8 章，主要内容包括：引言，马铃薯种薯物料特性测定研究，双列交错勺带式精量排种器关键部件优化设计与分析，基于离散元素法的马铃薯精量排种器充种运移性能仿真模拟分析，基于高速摄像技术的马铃薯精量排种器投种性能分析与试验，马铃薯精量排种器台架性能试验，马铃薯精量播种装置配置设计与田间试验，结论、创新点与展望。

本书可作为高等学校农业机械等相关专业的本科生及研究生的学习资料，也可供相关工程技术人员学习、参考。

图书在版编目（CIP）数据

马铃薯机械播种理论与技术/王希英著. —北京：电子工业出版社，2020.5

ISBN 978-7-121-39022-7

Ⅰ. ①马… Ⅱ. ①王… Ⅲ. ①马铃薯－播种机－研究 Ⅳ. ①S223.2

中国版本图书馆 CIP 数据核字（2020）第 082021 号

责任编辑：王晓庆

印　　刷：北京七彩京通数码快印有限公司
装　　订：北京七彩京通数码快印有限公司
出版发行：电子工业出版社
　　　　　北京市海淀区万寿路 173 信箱　　邮编：100036
开　　本：720×1 000　1/16　印张：8.75　字数：197 千字
版　　次：2020 年 5 月第 1 版
印　　次：2020 年 5 月第 1 次印刷
定　　价：69.00 元

凡所购买电子工业出版社图书有缺损问题，请向购买书店调换。若书店售缺，请与本社发行部联系，联系及邮购电话：（010）88254888，88258888。

质量投诉请发邮件至 zlts@phei.com.cn，盗版侵权举报请发邮件至 dbqq@phei.com.cn。

本书咨询联系方式：（010）88254113，wangxq@phei.com.cn。

前　言

随着马铃薯主粮化战略的逐步推进和马铃薯种植面积的不断扩大，实现马铃薯机械化播种对于促进农业可持续发展、保证粮食安全具有重要意义。

马铃薯作为世界四大主粮之一，是最具发展前景的高产经济作物之一，其种植生产模式与规模对中国农业结构调整具有重要意义。中国是马铃薯生产大国，却不是生产强国，种植面积及总产量均为世界第一，但作物单产水平远低于世界平均水平，其主要原因是我国马铃薯生产机械化水平低。马铃薯机械化播种作为实现马铃薯全程机械化生产的重要环节，直接影响马铃薯的产量与品质。

排种器作为马铃薯精量播种机的关键部件，仍存在作业效率低、重播和漏播严重、适应性较差等诸多技术问题。为满足马铃薯机械化播种的需求，本书采用农机与农艺相结合的理念，设计并研制了一种双列交错勺带式精量排种器。

本书共 8 章，从先进性和实用性出发，较全面地介绍马铃薯机械播种理论及关键技术，主要内容包括：第 1 章讲述马铃薯精量播种技术的概念及意义，介绍国内外马铃薯精量排种器的研究现状；第 2 章讲述马铃薯种薯物料特性测定研究；第 3 章讲述双列交错勺带式精量排种器关键部件优化设计与分析，对关键部件双列交错排种总成、主动驱动总成、振动清种装置、充种箱体进行优化设计；第 4 章讲述基于离散元素法的马铃薯精量排种器充种运移性能仿真模拟分析，运用 EDEM 虚拟仿真软件开展虚拟充种运移性能试验，探究工作转速及倾斜角度对排种器充种运移性能的影响；第 5 章讲述基于高速摄像技术的马铃薯精量排种器投种性能分析与试验，测定分析种薯投送运移轨迹及分布规律；第 6 章讲述马铃薯精量排种器台架性能试验，分析排种器倾斜角度、工作转速及振动幅度对排种性能的影响；第 7 章讲述马铃薯精量播种装置配置设计与田间试验；第 8 章是结论、创新点与展望。

通过学习本书，你可以：

- 了解马铃薯机械播种技术；

- 认识马铃薯精量排种器有关部件；
- 掌握马铃薯机械播种理论；
- 掌握计算机仿真技术及高速摄像技术；
- 能够进行实验设计与分析。

本书简明扼要、通俗易懂，具有很强的专业性、技术性和实用性，可作为高等学校农业机械等相关专业的本科生及研究生的学习资料，也可供相关工程技术人员学习、参考。

本书由哈尔滨学院王希英编写并统稿。东北农业大学的王金武教授在百忙之中对全书进行了审阅。在本书的编写过程中，东北农业大学的王金武教授、吕金庆教授和唐汉提出了许多宝贵意见，在此一并表示感谢！

本书的编写参考了大量近年来出版的相关技术资料，吸取了许多专家和同仁的宝贵经验，在此向他们深表谢意。

由于马铃薯机械播种技术发展迅速，作者学识有限，书中误漏之处难免，望广大读者批评指正。

作　者

2020 年 5 月

目　录

目 录

第 1 章　引　　言

1.1　研究目的与意义

马铃薯是一种茄科茄属块茎繁殖类生产作物，原产于南美洲的安第斯山脉，印第安人最早发现并食用野生马铃薯，距今已有 8000 多年。马铃薯含有丰富的蛋白质、碳水化合物、维生素、矿物质及脂肪，具有较高的营养价值，有"第二面包""地下苹果"的美誉，是目前世界上最具发展前景的高产经济作物之一，在农业生产规划中占有重要地位[1]。联合国粮农组织将 2008 年确定为"国际马铃薯年"，肯定了其在保障世界粮食安全方面的重要作用[2]。由于马铃薯具有增产潜力大、适应性强、营养价值高、粮菜兼用及加工转换能力强等特点，联合国已将马铃薯列为世界四大主粮之一[3~5]。

2015 年 1 月，"马铃薯主粮化发展战略研讨会"在北京召开，余欣荣[6]表示，我国将通过几年的不懈努力，力争使马铃薯作物种植规模（种植面积及单产量）和其主粮化地位得到显著提升。马铃薯主粮化是以国民营养为指导，以马铃薯主食化为切入点，以营养、消费、生产一体化的关键技术体系和政策为支撑，将研究、试验、集成、示范、推广等多种方式相结合，形成马铃薯与小麦、玉米、水稻三大主粮协调发展的新格局，提高马铃薯产业化水平，将马铃薯由目前的副粮、杂粮提升为我国第四大主粮。马铃薯主粮化发展战略对保障国家粮食安全、缓解资源环境压力、改善居民膳食结构、促进马铃薯加工多样化等方面具有重要意义。目前我国的马铃薯作物种植形成了四大区域，这些区域相对集中且各具特色，分别为：中原二作区、北方一作区、南方冬作区、西南混作区，其主要种植地区包括黑龙江、内蒙古、陕西、吉林、辽宁、云南、四川等。

根据联合国粮农组织的统计，2013 年全世界种植马铃薯的国家和地区有 159 个，种植面积为 1946.3 万公顷（1 公顷=10 000m²），总产量达 36 809.6 万吨。我国自 1995 年以来，马铃薯种植面积和总产量均居世界首位。2013 年世界马铃薯发展情况如图 1-1 所示，我国的马铃薯种植面积为 577.2 万公顷，总产量为 8 892.5 万吨，占世界马铃薯种植面积和产量的比重分别为 29.7% 和 24.2%。

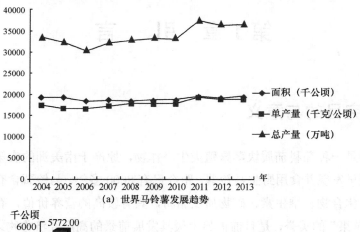

（a）世界马铃薯发展趋势

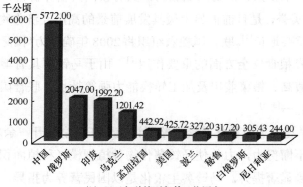

（b）2013 年种植面积前 10 位国家

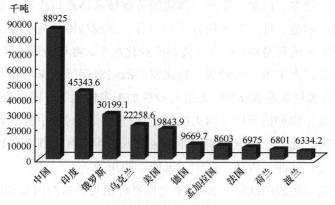

（c）2013 年总产量前 10 位国家

图 1-1　2013 年世界马铃薯发展情况

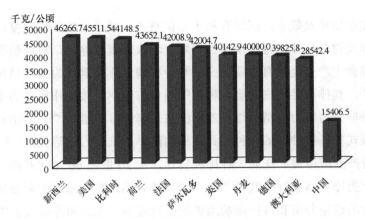

(d) 2013年单产量前10位国家

图 1-1　2013 年世界马铃薯发展情况（续）

　　近些年，随着世界马铃薯产业的快速稳定发展，我国马铃薯作物的生产规模也不断扩大。虽然目前我国马铃薯的种植面积及总产量均为世界第一，但其作物单产水平与其他国家相比仍有较大差距。2013 年新西兰是世界上马铃薯单产量最高的国家，约为 46.3 吨/公顷，世界平均马铃薯单产量为 18.93 吨/公顷，而我国马铃薯单产量仅为新西兰的三分之一，约为 15.4 吨/公顷，低于世界平均单产水平。我国是马铃薯作物的生产大国，却不是生产强国[7~8]。

　　马铃薯全程机械化生产是制约马铃薯生产规模的重要因素之一，加拿大、美国、新西兰、英国等国家于 20 世纪中期已基本实现了马铃薯机械化生产，而我国马铃薯生产的机械化程度仅为 19.6%左右，与国际先进水平（大于 70%）相差甚远[9~11]。世界发达国家通过马铃薯机械化生产不断发展马铃薯产业，这也将是我国马铃薯产业发展的必经之路。马铃薯机械化播种作为实现马铃薯全程机械化生产的重要环节，直接影响马铃薯的产量与品质。目前，我国的马铃薯播种仍以人工或半机械化种植方式为主，其费工费时、种植效率低、劳动强度大，且播种作业行距、株距、播种深度不规范，严重影响了马铃薯产业规模的发展。马铃薯机械化播种技术是将机械化应用到生产实践中，以提高其单产量、降低劳动强度及生产成本，为促进马铃薯规模化生产奠定基础。马铃薯精密播种技术由于具有增加产量、提高作业效率、节约成本等优点，因此已成为播种技术的主体发展方向。

　　合理、有效地推广、应用马铃薯精量播种机具进行精密标准化播种，一次性完成开沟、播种、施肥、覆土、镇压等多项作业，可有效降低作业成本及能源消耗，提高作业质量及效率，同时有利于出苗整齐，减小后续工作强度，利于后期的田间管理及收获作业，是实现马铃薯增产增收的重要途径，对调整我国农业结构及保障粮食生产安全具有重要意义。马铃薯精量排种器作为实现精密播种的核心工作部件，其排种性能直接影响种植的质量与效率。按工作原理的不同，马铃薯精量排种器分为气力式精量排种器和机械式精量排种器[12~14]。勺带式精量排种器属于机械式精量排种器的一种，具有结构简单、维修方便等优点，因此是我国马铃薯播种产业应用最广泛的一种排种装置。从 20 世纪 60 年代开始，国内外学者开始对此类排种器进行研究[15~16]，主要以排种器结构、形式的创新研究居多，对关键部件的理论分析和可控影响因素的研究较少。在高速作业过程中，仍存在因播种种薯（切块薯或整薯）尺寸差异及机具振动等原因导致的重播和漏播现象，排种作业质量较差、效率较低，适应范围小，无法完全满足实际生产需求。

在此背景下，本书对马铃薯精密播种技术进行深入研究，结合马铃薯播种农艺要求，对马铃薯种薯物料特性进行研究测定；优化设计双列交错勺带式精量排种器，对其主要结构和工作原理进行分析，建立充种、清种、导种和投种过程动力学模型，优化关键部件双列交错排种总成、主动驱动总成、振动清种装置、充种箱体的结构参数；运用离散元素法进行充种运移性能仿真模拟分析及虚拟充种试验，提高排种器的充种性能及质量；运用高速摄像技术与图像处理技术进行投种轨迹测定试验研究，优化排种器的导种及投种质量；以工作转速和振动幅度为试验因素，以合格指数、重播指数和漏播指数为试验指标，进行多因素二次正交旋转组合设计试验，优化排种器的最优工作参数；在此基础上配置设计马铃薯精量播种机具，进一步测试排种器的工作性能，以期为马铃薯精密播种机具及其关键部件的优化设计提供参考，促进马铃薯播种产业的规模化、标准化发展。

1.2 马铃薯机械化精量播种技术

机械化精量播种技术是将单粒种子按照符合要求的三维空间坐标位置播入种床，即播种后使种子在田间的播深、株距、行距达到精确的要求。此技术是一项综合性技术，其主要工作原理为根据作物播种农艺要求，按照一定的种量、行距和株距，通过开沟、播种、施肥、覆土及镇压等作业，使作物种子均匀地播入一定深度的土壤中。利用此项技术可以一次性地完成多道工序，减小农民的劳动强度，节省用时，降低功耗，提高作业效率与质量，同时涉及良种选育、种子处理、机械耕整地、播种、药剂除草、田间管理、病虫害防治等多个环节。马铃薯机械化精量播种技术根据马铃薯物料的力学特性，将马铃薯播种农艺要求与机械化精量播种技术相结合，实现马铃薯标准化种植生产，便于后续田间管理和收获作业，促进马铃薯生产全程机械化的发展，为农业增效、作物增产和农民增收奠定了基础。

传统的马铃薯人工播种方式平均 3 人每天可播种 $667m^2$，而利用马铃薯精量播种机具进行播种平均 3 人每天可播种 $15\,000m^2$，其作业效率提高为原来的约 22 倍，同时减少了大量劳动力及相关费用。结合各地区马铃薯播种农艺要求，大力推广机械化精量播种技术进行单粒播种，可有效保证种植出苗整齐一致，后期植株分布均匀，提高植株生长过程中的通风性及透光性，为马铃薯的丰产丰收奠定基础。从 20 世纪 60 年代初起，我国对机械化精量播种技术及相关机具进行深入研究，要求排种器排种均匀、仿形机构性能稳定、开沟器所开沟形及深度一致、覆土器覆土均匀、镇压器压力一致，对各个部件进行综合控制以满足播种农艺要求。但由于我国马铃薯播种作业存在地域条件、种薯尺寸及材料加工工艺等方面的限制，因此国内研发生产的精量播种机具的作业效率及质量未能完全满足播种农艺要求，可靠性及稳定性较差，而且部分技术含量较高、结构较复杂的精密播种机具仍需从国外引进，严重制约了此项技术的发展。

精量播种机具是作物精量播种技术的主要载体，主要由传动装置、播深控制装置、开沟器、排种器、排肥器、覆土器和镇压器等组成。开沟器可分为移动式和滚动式两大类，对开沟器的要求是开沟直、掘穴整齐、不乱土层、对土壤的适应性好、阻力小、开沟深度一致并符合播种要求[17]。覆土器安装在开沟器后面，开沟器只能使少量湿土覆盖种子，覆土器则可进一步满足覆土厚度的要求，覆土器的类型包括链环式、弹齿式、爪盘式、圆盘式等。镇压器用来压实土壤，使种子与湿土紧密接触，镇压器可分为平面镇压器、凹面镇压器、凸面镇压器等。排种器和排肥器的动力均来源于传动装置，通常是通过地轮转动带动链轮、链条进行传动，但由于该种传动方式存在地轮打滑、链条跳动等缺点而降低了排种器的工作稳定性，因此国外先进的精量播种机具的传动机构逐步改为利用电机进行驱动的方式来代替传统的地轮驱动。除此之外，为进一步提高播种作业质量并实现精密播种，国外很多播种机具装有作业质量检测系统，国内研究学者也在积极开发适合我国国情的播种检测系统，如甘肃农业大学孙伟等人[18]针对勺链式马铃薯排种器作业时普遍存在的漏种问题，设计了一套以高性能 ATmega16 单片机为核心，由定位模块、测薯模块、固态继电器、电磁铁组成的漏播检测系统与补种装置。试验证明，该装置能有效地解决勺链式马铃薯排种器作业时的漏种问题。

马铃薯精量排种器是实现精密播种的核心工作部件，其排种性能直接影响种植的质量与效率。因此，设计、研制符合我国马铃薯播种农艺要求的新型精量排种器，对推动马铃薯精量播种技术的发展具有重要的意义。

1.3 国内外马铃薯精量排种器的研究现状

目前，按工作原理的不同，马铃薯精量排种器可分为机械式精量排种器和气力式精量排种器两类。气力式精量排种器相对机械式精量排种器，有播种质量高、作业速度快、伤种率低和通用性好等诸多优点，但其结构复杂、价格昂贵。机械式精量排种器广泛应用于播种装置上，主要因其具有结构简单、造价低廉、维修方便等特点[19~25]。

机械式精量排种器主要有勺带式、勺链式、勺盘式、针刺式等类型[26~30]。勺链式精量排种器可以通过更换不同尺寸的取种凹勺来满足不同尺寸种薯播种的要求，具有更换方便、通用性好的优点，应用较广泛。但此种排种器也存在一些缺点，如勺链式结构易对马铃薯种芽造成损伤、影响马铃薯后期的产量等。相对而言，勺带式精量排种器因其具有工作可靠、通用性好、种植精度较高等优点，将逐步取代勺链式精量排种器，成为目前世界上马铃薯精量播种机械大多数使用的排种器类型。勺盘式精量排种器的结构简单，通用性较好，但排种均匀性不稳定，可靠性较低。针刺式精量排种器虽然对种薯的大小、形状要求不高，但其伤种现象较严重，目前国内外学者已经停止对该类排种器的研究。

气力式精量排种器按其工作原理可分为气吸式精量排种器、气吹式精量排种器和气压式精量排种器[31]。气力式精量排种器对种子的几何尺寸要求不高、通用性好且不伤种子，因此能大大提高播种的精度，但结构较复杂，制造成本高。

1.3.1 国外马铃薯精量排种器的研究现状

国外对马铃薯精量播种机械的研究起步较早，在 19 世纪末期，欧美一些发达国家为了减小劳动者的劳动强度，研制了以人工种植方式为主的简易机具来播种马铃薯。1880 年，英国的 Ransomes 和 Sims 等人研制了以畜力为动力，采用人工半自动排种的两行马铃薯播种装置，这是世界上最早的马铃薯播种机具。到 20 世纪 30 年代后期，出现了马铃薯栽植机构，初步实现了半机械化[32~36]。从 20 世纪中期开始，马铃薯精量播种机械快速发展，逐步实现自动化。经过不断的完善，国外马铃薯精量播种机械无论是在生产效率还是在工作性能方面，都比我国有较大的优越性。国外马铃薯精量播种机械经历了从半机械化向自动化方向的发展历程，并且在基础理论研究及技术水平上取得了丰硕的成果。目前，国际市场上的马铃薯机械化种植装备种类繁多，但其技术水平参差不齐，基本可分为两个档次：一是以德国 Grimme、美国 Double L 及挪威 TKS 公司为主的马铃薯种植机械生产厂家，主要生产大中型播种配套机具，具有完备的液压系统及播种电子监测系统，自动化程度较高；二是意大利、荷兰、日本等国的公司，主要生产中小型马铃薯种植机具，价格稍低，适用于小面积马铃薯播种作业[37~38]。

（1）勺带（链）式精量排种器

勺带（链）式精量排种器是国外马铃薯播种机中应用最广泛的一种排种装置，它最初应用于德国 Grimme 马铃薯播种机上，将取种凹勺固装在链条（传送带）上，利用链（带）进行传动。勺链式精量排种器由于存在取种凹勺与链条间易脱落、链轮上的链齿易被打坏、链条易损伤种薯/破坏种薯幼芽[39]等缺点，因此影响马铃薯的出苗率及后期产量。勺带式精量排种器具有工作可靠、通用性好、种植精度较高等优点。

勺链式精量排种器工作过程如图 1-2 所示，勺链式精量排种器由主动链轮、被动链轮、多个取种凹勺、链条、护种罩壳组成。取种凹勺安装在链条上，工作时地轮转动驱动主动链轮旋转，通过链条带动取种凹勺自下而上进行升运，在升运过程中取种凹勺从种箱中舀取一粒或多粒种薯，取种凹勺带动种薯向上运动，种薯依靠自身重力及清种装置的作用实现一个取种凹勺中只盛有一粒种薯，从而达到精量播种的目的，种薯到达被动链轮处翻越被动链轮，取种凹勺将种薯抛到前一个取种凹勺的背面，在护种罩壳的保护下向下运动，到达底部时种薯失去支持力，在自身重力的作用下投入事先开好的种沟内，完成投种过程。

H. Buitenwerf 等人[40]对勺链式精量排种器种薯的排种过程进行了数学模拟仿真，并利用高速摄像技术验证了输种管和取种凹勺的参数对马铃薯播种精度的影响较显著。试验得出结论，在同一参数的情况下，速度越高，排种均匀性越好，且种薯形状对排种性能的影响不显著。

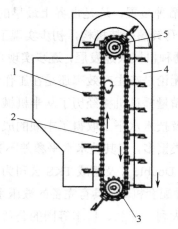

1—取种凹勺；2—链条；3—主动链轮；4—护种罩壳；5—被动链轮

图 1-2　勺链式精量排种器工作过程

Sunil Gulati 和 **Manjit Singh**[41]于 2003 年设计并研制了一种应用勺链式精量排种器的播种装置，采用人工驱动方式进行两行播种作业，每天可播种 0.5 公顷，播种均匀性较好，工作方便，价格低廉。

国外运用勺带（链）式精量排种器的马铃薯精量播种机具较多，主要包括以下几种。

德国 Grimme GL34T 型马铃薯播种机如图 1-3 所示。该机的配套动力为 120 马力（1 马力=0.735kW）以上，种箱容量为 3.5 吨，可一次性完成开沟、播种、施肥、覆土等作业，也可选装其他部件，如喷药装置。该马铃薯播种机配备了先进的电子监控系统及液压控制系统，驾驶员可在驾驶室内按要求控制单位面积的播种量，并且也可通过电子控制设备对开沟深度及沟形进行调节，可在坡地上作业是该机的主要特点之一。

如图 1-4 所示为美国 Double L 公司 9540 系列马铃薯播种机，其结构坚固，驾驶室内的操作员可利用电子控制液压系统调整播种株距，精度可达 98%，配备超大种箱以减小填种频率，运用仿形机构来满足地形变化时的播种要求。

如图 1-5 所示为美国 Crary 公司生产的 Lockwood 506 马铃薯播种机，其作业速度快，播种效率高，对马铃薯整薯及切块种薯均能进行 4 行、6 行、8 行播种作业。该机利用液压操纵行走部件，并装有雷达控制系统，保证了播种精度，驾驶室内配置完备的电子监控设备，时刻对播种机的重播及漏播情况进行监测，以保障播种作业性能[42]。

如图 1-6 所示为挪威 TKS 公司 underhaug 马铃薯播种机，采用勺链式精量排种器，利用液压驱动种箱的升降，种箱容量可达 8 吨。

图 1-3　德国 Grimme GL34T 型马铃薯播种机　　图 1-4　美国 Double L 公司 9540 系列马铃薯播种机

图 1-5　Lockwood 506 马铃薯播种机　　图 1-6　挪威 TKS 公司 underhaug 马铃薯播种机

如图 1-7 所示为英国 Standen Engineering 公司研制生产的可播种 2～9 行的 SP—200 型马铃薯播种机，其配备了先进的电子监测及液压系统，可一次性完成开沟、播种、施肥、镇压等多项作业[43]。

如图 1-8 所示为印度 MPP—04 系列手动式马铃薯播种机。该机为小型马铃薯播种机，可用于小面积地块的播种作业，采用勺链式精量排种器对马铃薯切块种薯或整薯进行播种，其特点是对种薯的形状要求不高。

勺链式精量排种器在作业时的传动比稳定可靠，但链传动取种作业存在不规则的振动现象，且勺链式结构易对马铃薯种芽造成损伤，影响马铃薯的产量；相对而言，勺带式精量排种器在保证排种作业质量的同时可解决振动及伤种等问题，世界上很多国家生产研制的马铃薯精量播种机都采用了此种类型的排种器。

图 1-7　英国 SP—200 型马铃薯播种机　　图 1-8　印度 MPP—04 系列手动式马铃薯播种机

德国 Grimme 公司最先研制生产了利用勺带式精量排种器进行排种的马铃薯播种机，该公司的 GrimmeVL19E 马铃薯播种机如图 1-9 所示。该机主要由勺带式精量排种器、芯铧式开沟器、覆土起垄圆盘、链条式传动机构、橡胶充气地轮等部分组成。该机可一次性完成开沟、播种、覆土等作业，主要用于马铃薯、菊芋等薯类的播种作业[44]。通过改变链轮的传动比进行株距的调整，株距可在 20～41.5cm 范围内进行调节，以满足不同作物的播种农艺要求。该机具有传动平稳、结构紧凑、排种可靠等优点。

图 1-9　德国 GrimmeVL19E 马铃薯播种机

目前，德国 Grimme 公司研制的 GL、VL 系列马铃薯播种机的排种器都由最初的勺链式改为了勺带式。勺带（链）式精量排种器作业稳定，播种精度较高，而且可适应不同行距、株距的播种要求，目前市场上广泛采用该类型排种器。

（2）勺盘式精量排种器

勺盘式精量排种器因具有结构简单、通用性好的优点，最先应用于苏联 CH—4A 马铃薯播种机上。如图 1-10 所示，勺盘式精量排种器利用固定在勺盘上的取种凹勺进行取种，从排种器上方进行投种，根据种子的形状和尺寸来确定取种凹勺的大小。为了便于更换，一台马铃薯播种机配备多组勺盘。但该排种器存在播种均匀性不稳定、播种质量低、可靠性低等问题，勺盘式精量排种器的排种精度远低于勺链式精量排种器[43]。

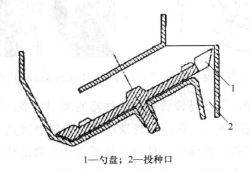

1—勺盘；2—投种口

图 1-10　勺盘式精量排种器示意图

（3）针刺式精量排种器

20 世纪末，针刺式精量排种器在美国研究与应用得较多。如图 1-11 所示，针刺式精量排种器的工作原理是在排种盘的外缘固定多个刺针取种器，每个刺针取种器中装有两枚刺针，排种盘旋转，刺针从种箱中刺取种薯，随即种薯在脱落装置的作用下脱离刺针，落入种沟。针刺式精量排种器的主要优点是投种均匀度高、对种薯的尺寸要求不高，但伤种是针刺式精量排种器的致命缺点，容易使种薯感染病菌从而降低产量。同时，刺针易损坏变形，作业环境中的泥土、杂草易缠绕刺针而造成损坏，因此美国停止了对针刺式精量排种器的研究。

（4）气吸式精量排种器

随着科技的进步与发展，欧美一些发达国家开始开发并应用其他形式的马铃薯精量排种器。如图 1-12 所示为美国 Crary 公司开发的 Lockwood 604 型气吸式马铃薯播种机，该机可播种马铃薯整薯或切块种薯，采用负压吸种原理从种箱中吸拾种薯，并最终投入种沟内[43]。

该气吸式精量排种器的工作原理是排种器负压由风机提供，链轮、链条的传动最终带动排种盘转动，排种盘上的吸种管在充种区进行吸种，种薯被吸附在吸种管上随排种盘转动，随后负压气流被中断，种薯在重力及离心力的作用下离开排种盘，实现投种作业。

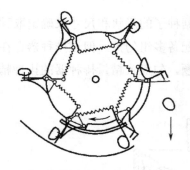 

图 1-11　针刺式精量排种器示意图　　图 1-12　Lockwood 604 型气吸式马铃薯播种机

由以上分析可知，国外马铃薯精量排种器的类型较多，但勺带（链）式精量排种器仍是目前研究的重点。国外马铃薯精量播种机经过几十年的不断发展，其技术水平已经相当完善，智能化、精量化及联合作业将是马铃薯精量播种机未来的发展方向。目前，欧美的一些发达国家正不断研究新型排种方式及工作原理，力求在机具的通用性、适应性、工作效率、机具的使用寿命方面有所突破。

1.3.2　国内马铃薯精量排种器的研究现状

20 世纪 50 年代末至 20 世纪 60 年代初，我国开始对马铃薯精量播种机械进行研究，起步较晚。由于生产机械化水平较低，与发达国家相比有很大差距，因此目前还处于发展的初级阶段。随着科技的进步，出现了很多新技术、新工艺、新方法，为马铃薯精量播种机械的发展提供了先进的技术支持，具有良好的发展前景。自 20 世纪 80 年代起，马铃薯精量播种机械迅速发展，国内很多科研单位及高校开始致力于马铃薯精量播种机的研究。近几年，随着国内科技的进步，在科研人员的努力下，马铃薯精量播种机正处于不断的改进及优化中[45]。

我国马铃薯精量播种机多以切块种薯为播种对象，排种器主要采用勺带（链）式精量排种器。

宁夏工商职业技术学院的赵润良[46]研制了一种适于在山区小地块作业的马铃薯播种机，该机采用集开沟、播种、覆土、施肥等功能于一体的作业方式，配套动力由手扶式拖拉机提供。通过试验及田间作业情况检验，该机结构设计合理，播种量、播深及肥量均可调，操作可靠。

内蒙古农业大学的赵满全等人[47]设计了 2BSL—2 型马铃薯起垄播种机，如图 1-13 所示。该机采用勺链式精量排种器，选用了芯铧式开沟器和搅刀-拨轮式排肥装置。另外，种箱的下部为锥形，底部的横截面几乎与取种凹勺相等，仅能通过一个取种凹勺，增大了舀种成功的概率。2BSL—2 型马铃薯起垄播种机的设计满足播种农艺要求且工作性能稳定可靠，但也存在重播及肥箱容积过小等问题。

图 1-13　2BSL—2 型马铃薯起垄播种机

黑龙江八一农垦大学的周桂霞等人[48]研制了 2CM—2 型马铃薯播种机，其结构图如图 1-14 所示。该机选用节距为 30mm 的钩形链-勺式排种机构，避免了普通钩形链-勺由于田间作业条件恶劣而导致的润滑困难、作业速度减小等现象。另外，该机在原有通用取种凹勺的基础上配备了不同大小的种薯杯，可用于播种不同尺寸的种薯。

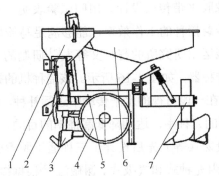

1—施肥装置；2—传动系统；3—开沟器；4—地轮；5—机架；6—播种装置；7—培土铲

图 1-14　2CM—2 型马铃薯播种机结构图

黑龙江八一农垦大学的李明金等人[49]在对国内马铃薯播种机现状研究的基础上，依据播种农艺要求，设计了 2CM—4 型马铃薯播种施肥联合作业机，如图 1-15 所示。该机采用勺带式精量排种器，利用交叉取种和种肥分施的技术，并配有振动器来减少重播现象，保证精量播种。经田间试验证实，该机作业效果良好，故障率低，各性能指标均符合农业行业标准，可实现行距 715～900mm 范围内可调、株距 160～420cm 范围内可调、播深 0～25cm 范围内可调、重播率及漏播率均小于 4% 的目标。

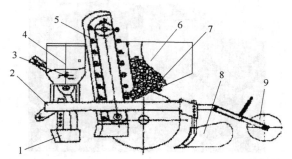

1—开沟器；2—机架；3—搅拌器；4—施肥装置；5—播种装置；
6—种箱；7—振动筛；8—覆土器；9—镇压器

图 1-15　2CM—4 型马铃薯播种施肥联合作业机

沈阳农业大学的高明全等人[50]在研究我国马铃薯精量播种机械发展现状的基础上，设计了 2CM—2 型马铃薯播种机的关键部件。该机采用勺带式精量排种器，在排种带上交叉布置两行投种碗，采用交叉取种方式并配以振动器来实现精量播种，带传动选用橡胶平带传动设计。田间试验表明，该播种机减小了农民的劳动强度，提高了马铃薯播种的工作效率，能够满足马铃薯的播种农艺要求。

黑龙江省农业机械运用研究所的赵举文等人[51]研制的 2CMF—2 型马铃薯播种机采用勺链式精量排种器，如图 1-16 所示。该播种机的排种链在结构上采用三角形支撑，工作人员可在一段可视的水平传动中进行补种，随即种薯进入导种管进行投种，从而提高种薯的充种率，达到降低漏播率的目的，但人工劳动强度较大。

华中农业大学的段宏兵等人先后设计了三种适于脱毒微型薯播种的马铃薯排种器，分别为链勺式、内充种式和气吸式。谢敬波[45]根据微型薯的播种农艺要求，秉承农机与农艺相结合的指导思想，设计了一种适于脱毒微型薯播种的气吸式精量排种器，如图 1-17 所示。该气吸式精量排种器主要由排种盘、真空气室壳体、种室、传动轴、输入链轮等组成。通过理论分析可知道，排种器的工作转速及倾斜角度是影响排种性能的主要因素，对排种器进行排种性能的单因素及多因素室内台架试验，得到了排种器工作性能最佳的参数组合。

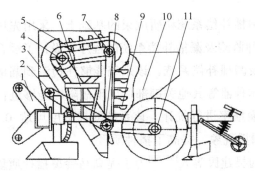

1—悬挂架；2—排肥轴；3—肥箱；4—支撑轮；5—补种；6—座椅；
7—从动轮；8—主动轮；9—取种凹勺；10—种箱；11—地轮

图 1-16 2CMF—2 型马铃薯播种机

毛琼[43]针对微型薯的物理特性及播种农艺要求设计了一种适用于脱毒微型薯播种的气力式精量播种机，如图 1-18 所示。该播种机的排种器为气吸式倾斜圆盘排种器，该机采用单垄双行宽窄行种植模式。排种器的负压由离心式风机来提供，在地轮转动时，通过链轮将动力传递给排肥器，同时倾斜排种器，在链轮和锥齿轮的作用下进行转动，根据气力式原理完成吸种、携种、投种的过程，在微型薯排种过程中也存在种薯表皮破损和种芽损伤的现象。

图 1-17 适于脱毒微型薯播种的
气吸式精量排种器

图 1-18 适用于脱毒微型薯播种的
气力式精量播种机

马铃薯精量播种机在播种作业时，由于机具振动、种薯尺寸等多种原因可使取种凹勺出现叠种或空勺现象，从而造成重播及漏播，使马铃薯播种质量及产量下降。采用人工方式进行补种虽可提高马铃薯充种率、降低漏播率，但存在人工劳动强度大、生产效率低、成本高等缺点。因此针对以上问题，甘肃农业大学一直致力于马铃薯精量播种机播种监测及漏播补偿系统的研究。刘全威等人[52]在借鉴了国内外播种机播种监测及漏播补偿系统科研成果的基础上，采用先进的单片机技术，通过 C 语言编写了播种监测及漏播补偿系统的程序，设计了适合勺链式马铃薯精量播种机的播种监测及漏播补偿系统。该系统能够在检测到漏播时自动进行补种，同时在种箱排空或排种器等其他关键部件出现故障时能够进行声光报警，还可对播种量、补种量及漏播率进行统计。该系统的灵敏度可达 0.1356s，补种率高于 90%，有效减少了漏播现象，提高了播种质量。

甘肃农业大学的吴建民等人[55~57]为了提高马铃薯播种质量，减少播种过程的漏播问题，设计了马铃薯精量播种机的自动补偿系统。该系统由红外光电传感器、单片机、步进电机三部分组成。工作时，红外光电传感器时刻监测取种凹勺有无种薯，当监测到取种凹勺上没有种薯时，传感器将该信号传送给单片机，随后单片机对步进电机的转动方向和转动角度进行控制，驱动步进电机带动播种机上的补偿排种器进行转动，实现及时补种。试验结果表明，该系统能够降低漏播率，提高播种质量。

目前，国内市场上常见的马铃薯精量播种机主要包括以下几种。

青岛洪珠农业机械有限公司生产的 2MB—1/2 型大垄双行覆膜圆盘形马铃薯精量播种机，如图 1-19 所示。其采用勺链式精量排种器，可一次性完成开沟、播种、施肥、铺膜等作业，具有结构简单、价格低廉、可适应不同土壤进行播种作业等优点。播种后种子呈三角形排布，便于合理利用空间。

图 1-19　2MB—1/2 型大垄双行覆膜圆盘形马铃薯精量播种机

黑龙江德沃科技开发有限公司在吸收国内外先进技术、结合我国马铃薯播种农艺要求的基础上开发研制了 2CMZ—4 型马铃薯精量播种机，如图 1-20 所示。

该机采用独立的勺带式播种单体，如图 1-21 所示。该机可以根据不同地域种植模式来调整株距及垄距，株距在 120～380mm 范围内可调，垄距为 800mm、850mm、900mm 可调。

图 1-20 2CMZ—4 型马铃薯精量播种机

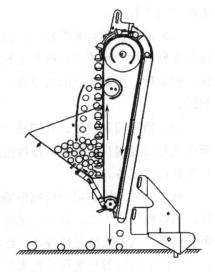

图 1-21 勺带式播种单体

中机美诺科技股份公司开发的 1240A 型马铃薯播种机，采用勺带式精量排种器，如图 1-22 所示。该机可一次性完成播种、施肥、培土、喷药等作业，株距在 140～350mm 范围内可调，行距为 800mm、900mm 可调，采用牵引式配套方式，配套动力 100 马力以上，工作效率较高。

图 1-22 1240A 型马铃薯播种机

我国马铃薯精量播种机主要存在以下几个方面的问题。

（1）生产效率低，功率消耗大。在高速作业过程中因机具振动等原因造成的重播、漏播现象明显，因此我国马铃薯精量播种机的生产效率低于国际平均水平，同时作业时的功率消耗较大，与国外发达国家同机型的播种机相比，所需配套动力较大。

（2）适应性和可靠性较差。我国研制生产的马铃薯精量播种机由于播种作业地域条件多样、种薯尺寸存在差异，且加工工艺、材料等方面较国外发达国家相比还较落后，所以机具的可靠性、适应性、使用寿命与发达国家相比还有一定的差距。

（3）播种质量较低。我国马铃薯精量播种机播种后的重播率和漏播率较高，所以从目前我国马铃薯精量播种机的发展来看，降低重播率及漏播率、提高播种质量是首要任务。

从国内外马铃薯播种机械市场来看，排种器作为马铃薯精量播种机的关键部件，仍以机械式为主，大部分采用勺带（链）式精量排种器，播种对象为切块种薯或整薯。气力式精量排种器广泛应用于玉米、小麦、油菜等小粒径作物的排种作业，由于马铃薯种薯尺寸较大且形状不规则，因此此类型的排种器并不适用于播种薯类等大粒径种子作物。国外马铃薯精量播种机技术先进，机械化水平较高，但体型庞大、价格昂贵、不适合我国国情。我国马铃薯精量播种机存在功率消耗大、生产效率低等问题，在作业质量、通用性、可靠性、播种精度方面与国外发达国家相比还有一定的差距，因此延长机具的使用寿命、降低生产成本、提高工作效率、提高播种机的适应性及通用性是未来国内外马铃薯精量播种机的发展方向。

自20世纪60年代起，国内外学者开始对勺带（链）式精量排种器进行研究，而我国主要对马铃薯精量排种器进行了结构、形式上的创新，对排种器关键部件理论分析和影响因素的研究较少。高速作业时因存在播种种薯（切块薯或整薯）尺寸差异及机具振动等原因，排种器作业质量较差、效率较低，播种的稳定性及均匀性较差，重播和漏播情况严重，适应范围较小，无法满足实际生产需求，且机械化发展总体水平相对落后[58~62]。针对以上问题，本书根据生产实际的需求及马铃薯精密播种要求，对马铃薯精量播种机的关键部件（排种器）进行研究、设计、试验及优化，通过选择合适的制造材料及加工工艺来提高关键部件的刚度和强度，从而延长马铃薯精量播种机的使用寿命、提高工作可靠性，进一步推动马铃薯播种产业规模化、标准化发展。

1.4　研究内容与方法

本书主要对马铃薯精密播种技术进行深入研究，结合东北地区马铃薯播种农艺要求，将理论分析、离散元素法、虚拟样机技术、高速摄像技术、台架性能试验及样机试制等多种方法与手段相结合，对马铃薯种薯物料特性进行研究测定；优化设计双列交错勺带式精量排种器，对其主要结构和工作原理进行阐述分析，建立充种、清种、导种和投种过程动力学模型，优化关键部件双列交错排种总成、主动驱动总成、振动清种装置、充种箱体的结构参数；运用离散元素法进行 EDEM 虚拟排种试验，优化排种器的柔性充种运移性能及相关工作参数；运用高速摄像技术和图像处理技术对排种器的导种及投种轨迹进行测定，分析其零速投种运移机理；对双列交错勺带式精量排种器进行样机试制，以工作转速、振动幅度、倾斜角度为试验因素，以合格指数、重播指数、漏播指数为试验指标，进行单因素试验及多因素试验，得到排种器的最佳工作参数组合；在此基础上，对开沟器、排肥器、肥箱、覆土器、镇压轮进行选型配套，综合配置设计马铃薯精量播种装置，并通过田间试验检测机具的作业性能。

本书的主要内容与方法如下。

（1）马铃薯种薯物料特性测定研究

广泛查阅文献资料，归纳总结国内外研究手段，明确研究思路，完善技术方案。选取东北地区广泛种植的尺寸等级不同的三种马铃薯种薯（费乌瑞它、尤金885 和东农 312）进行物料特性研究，测定其基本物理特性（三轴尺寸、几何平均径、球形率、质量、密度和含水率），并搭建多种物理力学试验台，测定分析种薯的相关力学参数（静摩擦系数、内摩擦角、自然休止角、刚度系数及弹性模量），为马铃薯精量排种器的结构设计及仿真分析提供理论依据与边界条件。

（2）双列交错勺带式精量排种器关键部件优化设计与分析

将创新设计与理论分析相结合，运用 CAD 设计技术，实现方案提出、理论分析、结构创新、样机试制、试验研究、改进修正、定型试制的逐步推进。对双列交错勺带式精量排种器的主要结构和工作原理进行研究，对其关键部件双列交错排种总成、主动驱动总成、振动清种装置、充种箱体进行优化设计，建立充种、清种、导种和投种过程动力学模型，分析并优化排种器各关键部件的最佳结构参数。

（3）基于离散元素法的马铃薯精量排种器充种运移性能仿真模拟分析

将多种研究方法优化与集成，优化排种器的柔性充种运移性能，并得到较佳的工作参数范围。基于离散元素法建立排种器虚拟模型，运用离散元仿真软件 EDEM 对排种器的充种舀取过程进行单因素虚拟试验，分析充种过程中不同尺寸等级种薯产生重播、漏播问题的主要原因，初步筛选排种器较优的工作参数，在此基础上进行试验样机的加工试制，同时对后续试验进行充分准备。

（4）基于高速摄像技术的马铃薯精量排种器投种性能分析与试验

以双列交错勺带式精量排种器导种系统为研究载体，重点探究马铃薯种薯投送运移机理，分析影响导种投送运移轨迹的主要因素。在此基础上自主设计搭建马铃薯精量排种试验台，结合高速摄像技术对种薯投送运移轨迹进行测定分析，归纳投送落种轨迹分布，研究种薯投种轨迹的规律趋势，为马铃薯精量排种器导种系统及配套开沟器的优化设计奠定理论基础。

（5）马铃薯精量排种器台架性能试验

为得到排种器的最佳工作参数组合，以排种器的倾斜角度、工作转速、振动幅度为主要因素，以合格指数、重播指数、漏播指数为性能指标，参考国家标准 GB/T 6242—2006《种植机械 马铃薯种植机 试验方法》和 NY/T 1415—2007《马铃薯种植机质量评价技术规范》，分别进行单因素及多因素正交旋转组合试验，建立排种性能指标与试验参数间的数学模型，运用 Design Expert 8.0.10 软件对试验结果进行处理和分析，并对所优化的结果进行试验验证，考察其科学性及合理性。

（6）马铃薯精量播种装置配置设计与田间试验

结合东北地区马铃薯的播种农艺要求，开展马铃薯精量播种装置总体设计，对开沟器、排肥器、肥箱、覆土器、镇压轮等部件进行选型配套，综合配置设计马铃薯精量播种装置。以尤金 885 马铃薯种薯为供试品种进行田间试验，检验机具的作业效果，对播种均匀性、种肥深度及后续产量进行测定。

本书可为马铃薯精量播种机具及其关键部件的创新设计与优化提供理论参考，同时为马铃薯规模化、标准化种植奠定基础。

1.5 技术路线

技术路线如图 1-23 所示。

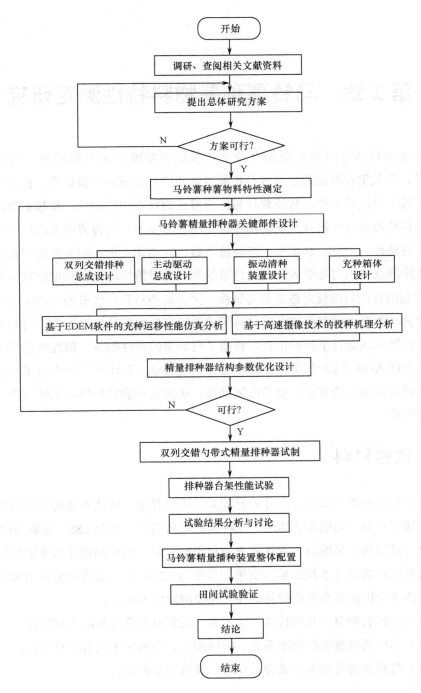

图 1-23　技术路线

第 2 章　马铃薯种薯物料特性测定研究

农业物料特性研究是根据农业工程领域的发展需求而形成的一门基础学科[63~64]，其关键特性的测定研究是机械设计和产品分析的主要依据，也是相关虚拟仿真的主要边界条件。马铃薯种薯作为常见的农业物料之一，其基本物理参数的研究是马铃薯播种机具及关键部件设计的主要参考。马铃薯种薯物料特性主要包括几何特性、密度、含水率、静摩擦系数、自然休止角、刚度系数和弹性模量等。现阶段众多国内外学者都对马铃薯的物理力学特性进行了测定研究，谢敬波等人[65]利用自制斜面仪对微型薯与钢板、聚丙烯塑料和片状模塑料的滚动稳定角进行研究，并得出微型薯与不同材料间滚动稳定角的差异。张子成[66]对马铃薯压缩力学特性曲线进行了回归拟合，获得了马铃薯的弹性模量、黏性系数等关键参数，并通过 ADAMS 对压缩力学模型进行试验验证。石林榕[67]应用电子万能试验机对不同品种的马铃薯进行整茎压缩试验，研究品种的差异性对压缩破裂力及变形量的影响。

2.1　试验材料

由于切块种薯的形状、尺寸差异较大，难以界定，因此本试验采用马铃薯整薯作为研究对象，选取东北地区广泛种植的费乌瑞它、尤金 885、东农 312 为供试品种，试验样本采购自黑龙江省农业科学研究院，研究测定其基本物料特性，每个品种的种薯进行 5 次试验，取平均值作为试验结果，该项研究可为理论模型建立及仿真分析提供必要的边界条件。主要测定内容如下：

（1）马铃薯种薯的几何特性、含水率、质量及密度等基础物理特性；

（2）马铃薯种薯的静摩擦系数、内摩擦角、自然休止角等摩擦特性；

（3）马铃薯种薯的刚度系数、弹性模量等力学特性。

2.2 马铃薯基础物理特性测定

作为排种器研制与开发的基础性研究——马铃薯种薯基础物理特性，该项研究可为排种器提供最基础的设计参数和依据，可使排种器更好地满足马铃薯播种农艺及播种质量要求，达到减少种薯损伤、提高播种精度、增产增收的目的。为实现高质量、高效率的播种作业，对马铃薯种薯物料特性进行研究是十分必要的。在试验前要对种薯进行人工分级清选，选取无病虫害的种薯作为供试样品。

2.2.1 马铃薯几何特性测定

马铃薯种薯的形状可近似为椭圆形，选取东北地区种植范围较广且尺寸等级不同的三种类型的马铃薯品种（费乌瑞它、尤金 885 和东农 312）为测试对象，对种薯进行人工清选、分级处理。随机抽取每个品种的种薯 200 颗，利用游标卡尺（精度为 0.02mm）对种薯的三轴尺寸长（L）、宽（W）、厚（H）进行测定，如图 2-1 所示。马铃薯种薯三轴尺寸的测定对排种器充种过程的研究具有重要意义，同时可为其关键部件（取种凹勺）的优化设计提供重要依据。在测定三轴尺寸后，按式（2-1）、式（2-2）、式（2-3）和式（2-4）即可计算得出种薯的其他几何特性。

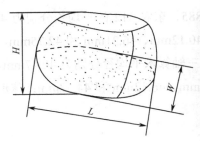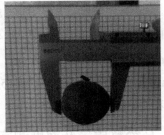

图 2-1 种薯几何特性测定

（1）三轴算术平均径

$$d_1 = \frac{1}{3}(L + W + H) \tag{2-1}$$

（2）几何平均径

$$d_2 = (LWH)^{\frac{1}{3}} \tag{2-2}$$

（3）单粒种薯体积

$$V = \frac{1}{6}\pi LWH \qquad (2\text{-}3)$$

（4）球形率

$$\phi = \frac{d_2}{L} \qquad (2\text{-}4)$$

三个品种的马铃薯种薯的几何特性测定结果如表 2-1 所示。

表 2-1　三个品种的马铃薯种薯的几何特性测定结果

品　种	长（L）			宽（W）			厚（H）		
	均值/mm	标准差/mm	变异系数/%	均值/mm	标准差/mm	变异系数/%	均值/mm	标准差/mm	变异系数/%
费乌瑞它	46.86	3.66	7.8	40.12	3.93	9.8	34.44	2.82	8.2
尤金 885	51.67	4.29	8.3	46.21	3.28	7.1	41.09	3.66	8.9
东农 312	55.38	3.65	6.6	42.75	2.05	4.8	36.76	2.61	7.1
品　种	三轴算术平均径			几何平均径			球形率		
	均值/mm	标准差/mm	变异系数/%	均值/mm	标准差/mm	变异系数/%	均值	标准差	变异系数/%
费乌瑞它	40.47	2.51	6.2	40.15	3.45	8.6	0.86	0.078	9.1
尤金 885	46.32	3.57	7.7	46.12	3.55	7.7	0.89	0.029	3.3
东农 312	44.96	2.07	4.6	44.32	2.48	5.6	0.80	0.037	4.6

由表 2-1 可知，费乌瑞它、尤金 885、东农 312 的平均长分别为 46.86mm、51.67mm 和 55.38mm，平均宽分别为 40.12mm、46.21mm 和 42.75mm，平均厚分别为 34.44mm、41.09mm 和 36.76mm；三轴算术平均径分别为 40.47mm、46.32mm 和 44.96mm；几何平均径分别为 40.15mm、46.12mm 和 44.32mm；球形率分别为 0.86、0.89 和 0.80。

2.2.2　马铃薯质量及密度测定

1）质量测定

马铃薯种薯质量测定仪器采用电子分析天平（型号：FC204，上海精密科学仪器有限公司，精度为 0.001g），如图 2-2 所示。随机选取每个品种的种薯 100 颗进行测定，试验数据取平均值作为马铃薯种薯质量，测定结果如表 2-2 所示。

图 2-2 电子分析天平

表 2-2 马铃薯种薯质量测定结果

品 种	均值/g	标准差/g	变异系数/%
费乌瑞它	35.91	0.55	3.7
尤金 885	52.88	1.72	11.5
东农 312	50.56	2.31	9.2

2）密度测定

密度是农业物料的基本物理指标，马铃薯种薯的密度主要分为单粒密度与容积密度两类。在排种器充种、清种及虚拟仿真过程中仅需研究种薯单粒密度，因此主要对种薯单粒密度进行测定，种薯单粒密度为种薯质量 m 与体积 V 的比值，即

$$\rho = \frac{m}{V} \qquad (2\text{-}5)$$

式中，ρ 为马铃薯种薯单粒密度，单位为 g/cm^3；m 为种薯质量，单位为 g；V 为种薯体积，单位为 cm^3。

目前，农业物料密度测定方法主要包括浸液法（包括悬浮法、比重天平法、量筒法）和气体置换法（包括定容积压缩法、定容积膨胀法、不定容积法）[68~70]。本书采用量筒法（排开的液体为水）测定种薯密度，试验用的体积量筒如图 2-3 所示。其步骤如下：

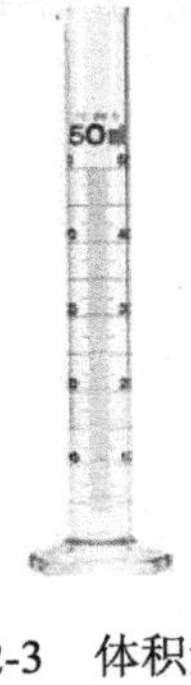

（1）用量筒量取体积为 V_1 的纯净水；

（2）用天平称取质量为 m 的马铃薯种薯；

图 2-3 体积量筒

（3）将种薯慢慢放入量筒内（防止水滴溅出），待水平面平稳后记下读数 V_2，得到种薯实际体积为 $V=V_2-V_1$；

（4）利用密度计算公式求解马铃薯种薯密度 ρ；

（5）重复 5 次独立测量，取 5 次数据的平均值作为马铃薯种薯密度。

根据上述方法，对三个品种的马铃薯种薯密度进行测定，测定结果如表 2-3 所示。

表 2-3 三个品种的马铃薯种薯的密度测定结果

品 种	均值/（g/cm³）	标准差/（g/cm³）	变异系数/%
费乌瑞它	1.06	0.09	9.6
尤金 885	1.03	0.08	7.3
东农 312	1.11	0.11	9.6

由表 2-2 和表 2-3 的测定结果可知，费乌瑞它、尤金 885、东农 312 这三个品种种薯的平均质量分别为 35.91g、52.88g 和 50.56g，平均密度分别为 1.06g/cm³、1.03g/cm³ 和 1.11g/cm³。

2.2.3 马铃薯含水率测定

种子所含水分的质量占整个种子质量的百分比就是种子的含水率，含水率的测定在农业工程领域占有重要的地位。农业物料的含水率与果实的鲜度、软硬性、流动性、保藏性和加工性等诸多方面有很大关系。

含水率的测定方法包括常压恒温烘干法、溶剂提取法、甲苯蒸馏法等，最基本、最常用的测定方法是常压恒温烘干法[71]。采用的测定仪器包括真空干燥箱（型号：DHG—9053A，上海一恒科学仪器有限公司）、电子分析天平（型号：FC204，上海精密科学仪器有限公司，精度为 0.001g）、干燥器等，如图 2-4 所示。

（a）真空干燥箱　　　　　　　　　　　（b）干燥器

图 2-4 含水率测定仪器

马铃薯种薯含水率的测定方法采用常压恒温烘干法，本次试验严格依据国家标准 GB/T3543.6—1995《农作物种子检验规程 水分测定》进行测定。试验步骤如下：

（1）试验前称出样品盒的质量 M_1；

（2）为利于试样快速烘干，将马铃薯切成薄片，每份总质量均大于 30g；

（3）将切片马铃薯放入样品盒中，称其总质量 M_2；

（4）将装有切片马铃薯的样品盒放入 105℃的真空干燥箱内，通过持续加热烘干使总质量保持恒定，取出称其总质量 M_3；

（5）每个品种的种薯重复 5 次独立测量，取 5 次数据的平均值。

根据烘干后种薯失去的水分质量与烘干前的质量之比可计算种薯的含水率（湿基含水率），即

$$M = \frac{M_2 - M_3}{M_2 - M_1} \times 100\% \tag{2-6}$$

式中，M_1 为样品盒的质量，单位为 g；M_2 为烘干前样品盒及切片马铃薯的总质量，单位为 g；M_3 为烘干后样品盒及切片马铃薯的总质量，单位为 g。

根据上述方法，对三个品种的马铃薯种薯含水率进行测定，测定结果如表 2-4 所示。

表 2-4　三个品种的马铃薯种薯的含水率测定结果

品　种	均值/%	标准差/%	变异系数/%
费乌瑞它	74.8	1.6	2.1
尤金 885	75.7	1.7	2.2
东农 312	83.5	2.1	2.6

由表 2-4 可知，马铃薯种薯的品种不同，含水率也存在一定的差异。在三个品种的马铃薯种薯中，费乌瑞它的平均含水率为 74.8%，尤金 885 的平均含水率为 75.7%，东农 312 的平均含水率为 83.5%。由此可见，马铃薯种薯的含水率集中在 74%～85%范围内。

2.3　马铃薯摩擦特性测定

农业物料学中用滑动摩擦角、自然休止角和内摩擦角来描述散粒物料的摩擦特性。滑动摩擦角反映物料与固体表面间的摩擦性质，自然休止角反映单粒物料

在物料堆上的滚落能力，而内摩擦角则反映散粒物料间的摩擦特性。

2.3.1 马铃薯静摩擦系数测定

摩擦系数是指两表面间的摩擦力和作用在其一表面上的垂直力之比，它与表面粗糙度有关，而与接触面积的大小无关。静摩擦系数是最大静摩擦力与法向压力的比值，马铃薯种薯的静摩擦系数包括种薯与不同材料表面的摩擦系数和种薯间的摩擦系数，通常用滑动摩擦角的正切值来表示。农业物料的含水率对静摩擦系数的影响较大，而正压力及滑动速度对其影响不大。

目前，测定物料与接触面间的滑动摩擦角最常用的工具是倾斜试验装置，运用斜面力学原理进行马铃薯种薯静摩擦系数的测定。采用自制的倾斜试验装置测试马铃薯种薯与有机玻璃、聚氯乙烯、冷轧钢板、同品种种薯间的静摩擦系数。倾斜试验装置如图 2-5 所示，包括机架、角度调节机构和工作平面[72]。

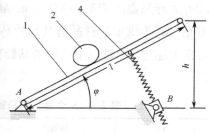

1—工作平面；2—种薯；3—机架；4—角度调节机构

图 2-5　倾斜试验装置

试验时，将马铃薯种薯放在倾斜试验装置上，与工作平面贴紧，通过角度调节机构逐渐加大倾斜试验装置的角度。当种薯刚刚开始从斜面滑下时，停止调节斜面倾角，这时的斜面倾角即为滑动摩擦角 φ。测量工作平面的末端与基准水平面间的垂直高度 h 和工作平面的末端与点 A 之间的距离 l（工作平面的长度），通过几何关系即可计算得出滑动摩擦角 φ，马铃薯种薯与接触平面间的静摩擦系数 f_s 即为 φ 的正切值。每个品种的种薯重复测定 5 次，试验数据取平均值作为种薯与各材料间的静摩擦系数，其计算公式为

$$f_s = \tan\varphi = \frac{h}{\sqrt{l^2 - h^2}} \tag{2-7}$$

式中，φ 为滑动摩擦角，单位为°；h 为工作平面的末端与基准水平面间的垂直高度，单位为 mm；l 为工作平面的长度，单位为 mm。

马铃薯种薯的静摩擦系数测定结果如表 2-5 所示。

表 2-5　马铃薯种薯的静摩擦系数测定结果

样　品	费乌瑞它	尤金 885	东农 312
有机玻璃	0.341	0.246	0.287
聚氯乙烯	0.324	0.231	0.276
冷轧钢板	0.385	0.289	0.341
同品种种薯	0.518	0.549	0.582

2.3.2　马铃薯内摩擦角测定

内摩擦角 φ_i 是反映散粒物料间摩擦特性和抗剪强度的物理量，是设计重力流动的料仓和料斗的重要参数。在散粒物料内部的任意处取出一单元体，该单元体单位面积上的法向压力为正应力，单位面积上的剪切力为切应力。当整体在某方向上发生塑性屈服，即物料沿剪切力方向发生滑动时，把散粒物料的流动视为类似于固体剪切塑性屈服破坏的现象，因此散粒物料的抗剪强度可用莫尔强度理论来研究，最终获得确定内摩擦角的理论和方法。

内摩擦角与物料的粒径、表面状态、含水率、孔隙率有很大关系。一般来说，同一物料的内摩擦角随含水率的增大而增大，随孔隙率的增大而减小。

采用等应变直剪仪（型号 ZJ—2，试件面积 30cm^2，高 2cm，杠杆比 1:12，南京东迈科技仪器有限公司）进行马铃薯内摩擦角的测定，如图 2-6 所示。

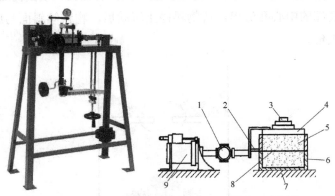

1—测力仪；2—加载杆；3—预压实载荷；4—顶盖；5—剪切环；
6—底座；7—底平面；8—剪切平面；9—加载装置

图 2-6　等应变直剪仪

试验时，将具有一定含水率及尺寸均匀的马铃薯种薯放入剪切环内，对其进行预压实作业，其目的是保证马铃薯受力均匀且基本在同一应力状态下进行试验，预压实载荷为 N_0。预压实后，将剪切环顶面以上的过量种薯刮去。在垂直载荷 N（小于预压实载荷）的作用下，对试样进行剪切作业，测得剪切力为 S。对其他试样重复以上作业，每次施加的不同垂直载荷 N 都需小于预压实载荷，试验测得的 N 和 S 分别除以等应变直剪仪的面积，即为破坏平面的正应力 σ 和剪切力 τ，根据式（2-8）的莫尔强度理论可计算得出内摩擦角 φ_i。分别测定三个品种马铃薯种薯的内摩擦角，每一品种的种薯测定 5 次，试验结果取平均值作为该品种马铃薯种薯的内摩擦角。莫尔强度理论的计算公式为

$$\tau = c + \sigma \tan \varphi_i \tag{2-8}$$

式中，c 是黏聚力，在物料中 c 为 0。通过测定及计算可得出费乌瑞它、尤金 885、东农 312 的内摩擦角分别为 30.8°、31.9° 和 33.2°。

2.3.3　马铃薯自然休止角测定

自然休止角 φ_r 又称为堆积角，物料从漏斗底部的小孔自由落到水平面时会形成一圆锥体，圆锥面与水平面之间的夹角即为自然休止角，可用来表示物料的流动性及摩擦特性。测定自然休止角的方法有三种：注入法、排出法及倾斜法。

注入法的原理是将物料从漏斗上方慢慢加入，从漏斗底部漏出的物料在水平面上形成圆锥体，其锥底角即为自然休止角[73]。

排出法的原理如图 2-7 所示，将物料加入圆筒容器内，使圆筒底面保持水平，物料从容器底部的中心孔流出，待物料停止流动后，物料倾斜面与底平面的夹角即为自然休止角。

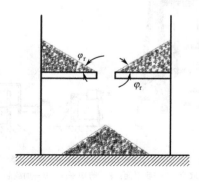

图 2-7　排出法

倾斜法的原理如图 2-8 所示,将装有 1/3 散粒物料的长方形容器倾斜或将圆筒形容器慢速回转,静止后物料表面与水平面的夹角就是自然休止角。

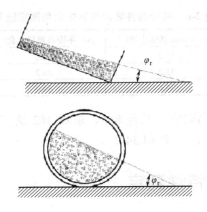

图 2-8　倾斜法

物料的形状、尺寸、含水率及堆放条件对自然休止角有很大的影响。物料形状越接近球形,自然休止角就越小;物料的含水率越大,自然休止角就越大,这是因为粒子表层潮湿,内摩擦力增大,粒子间的黏附作用增大。

采用注入法对马铃薯种薯的自然休止角进行测定,如图 2-9 所示。将种薯从漏斗上方慢慢加入,种薯从漏斗底部连续流动到地面形成一圆锥体,分别测量圆锥体的高 h、半径 r,自然休止角的计算公式为

$$\varphi_{r} = \arctan\left(\frac{h}{r}\right) \tag{2-9}$$

1—漏斗;2—种薯

图 2-9　自然休止角的测定

分别测定 xOz、yOz 两个平面的自然休止角，每个品种种薯进行 5 次测定，试验数据取平均值作为种薯的自然休止角 φ_r，测定结果如表 2-6 所示。

表 2-6　马铃薯种薯的自然休止角测定结果

品　　种	xOz 平面自然休止角/ °	yOz 平面自然休止角/ °	均值/ °
费乌瑞它	37.2	38.6	37.9
尤金 885	35.2	36.2	35.7
东农 312	34.0	34.4	34.2

由表 2-6 可知，费乌瑞它、尤金 885、东农 312 这三个品种马铃薯种薯的自然休止角 φ_r 分别为 37.9°、35.7° 和 34.2°。

2.4　马铃薯力学特性测定

国内很多学者都对物料的力学特性进行了研究，颜辉[74]利用电子万能试验机对玉米种子进行压缩试验，得到了含水率、加载速度、放置方向等因素对玉米种子的刚度系数的影响；郭丽峰[71]通过挤压试验测得大豆的刚度系数及破裂力，试验结果表明压缩时大豆的刚度系数及破碎力与摆放位置有很大关系，且含水率不同，刚度系数也不同；丛锦玲[75~76]利用质构仪对油菜及小麦种子进行压缩试验，获得油菜及小麦种子的最大硬度及起始破裂力。

本次力学特性试验测定了马铃薯种薯的刚度系数及弹性模量，且供试种薯的含水率在 74%～85%范围内。

2.4.1　马铃薯刚度系数测定

刚度系数是用来描述物料受到外力作用而发生弹性变形性态的物理量。刚度系数的大小反映了受到外力作用的弹性体抵抗变形的能力，是物料受到的力和在该力方向上的变形之比。刚度系数分为静刚度系数和动刚度系数，由于动刚度系数的测定较难，因此国内外学者在离散元素法仿真分析中一般用准静态刚度系数代替动刚度系数。

刚度系数的测试原理图如图 2-10 所示，试验时，将马铃薯种薯固定，平板压头缓慢下降，沿着垂直种薯轴向的方向施加载荷，种薯受力发生形变。马铃薯种薯的刚度系数为

$$k_n = \frac{\Delta F_n}{\Delta u_n}$$ （2-10）

式中，ΔF_n 为垂直于马铃薯种薯的载荷增量，单位为 N；Δu_n 为马铃薯种薯产生的形变增量，单位为 mm。忽略平板压头和金属板的形变量。

试验仪器为微机控制电子万能试验机（型号：WDW—5，济南龙鑫试验仪器有限公司），如图 2-11 所示。该机可实现计算机智能控制及自动采集数据，能够对农业物料进行压缩、拉伸、剪切、弯曲、剥离等方面的力学特性测定。

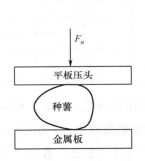

图 2-10 刚度系数的测试原理图　　图 2-11 WDW—5 微机控制电子万能试验机

由于马铃薯种薯具有各向异性，因此对种薯三轴方向进行压缩试验[77~79]，测定长、宽、厚三个方向的刚度系数。试验时在测试平台上放置一块金属板，将马铃薯种薯胶黏在金属板上，平板压头以一定速度下降直至接近种薯的位置，调整金属板的位置，使种薯轴向方向与平板压头的中心轴对正。在正式测试前应进行预加载，目的是消除平板压头与种薯的间隙及系统间隙，且预加载值不能太大，本试验的预加载值取 5N，预加载速率取 20mm/min。

预加载后进行正式测试，平板压头在设定参数的控制下匀速下降，压缩种薯使其产生形变，计算机自动采集并记录每一时刻的载荷及位移参数，并实时绘制种薯压缩载荷-位移关系曲线。随着变形的增大，载荷也增大，当种薯压缩至破裂点时，压缩载荷达到最大，此时种薯的表皮在最大载荷的作用下遭到破坏，随后种薯的变形量增大缓慢，而载荷急剧下降，即可停止压缩试验。

试验测定了费乌瑞它、尤金 885 和东农 312 这三个品种马铃薯种薯的刚度系数。试验时，种薯分别平放、侧放及立放，加载速度分别为 5mm/min、10mm/min 和 15mm/min，每个品种的种薯重复测定 5 次，试验数据取平均值作为种薯的刚度系数，测定结果如表 2-7 所示。

表 2-7 马铃薯种薯的刚度系数测定结果

品 种	速率/（mm/min）	刚度系数/（N/mm）		
		平 放	侧 放	立 放
费乌瑞它	5	78.2	70.5	43.1
	10	82.1	74.2	41.2
	15	83.5	77.8	40.4
尤金 885	5	82.5	73.5	44.8
	10	85.7	78.4	46.3
	15	90.2	80.2	48.2
东农 312	5	75.2	70.1	43.1
	10	73.9	72.9	50.2
	15	70.2	73.6	45.7
均 值	—	80.2	74.6	44.8

由表 2-7 可知，压缩时种薯的摆放位置对其刚度系数有一定的影响，种薯在平放和侧放时的刚度系数较接近，而立放时的刚度系数较小。费乌瑞它、尤金 885、东农 312 这三个品种的种薯在平放、侧放、立放时的刚度系数的平均值分别为80.2N/mm、74.6N/mm 和 44.8N/mm。

2.4.2 马铃薯弹性模量测定

根据胡克定律，材料在弹性变形阶段的应力与应变的比值就是弹性模量，一般用 E 表示。根据材料所受载荷类型的不同，弹性模量可分为压缩弹性模量、拉伸弹性模量、剪切弹性模量等。弹性模量是表征材料性质的物理量，取决于材料本身的物理性质。排种器在工作时，种薯受到排种器取种凹勺的挤压作用，由于在采用离散元素法进行仿真时需提供压缩弹性模量，因此本书将对种薯的压缩弹性模量进行测定。

在种薯压缩过程中，在达到屈服载荷前都为弹性变形阶段，种薯的受力与形变满足赫兹理论的假设条件。一般国内外学者采用美国农业工程师学会 ASAE 的S368.4DEC2000（R2006）标准中提出的压缩试验方法来测定农业物料的弹性模量。弹性模量的测定与刚度系数的测定试验同时进行，通过前面的压缩试验得到了种薯的载荷-位移曲线，利用式（2-11）可得到种薯的弹性模量

$$E = 1.502F(1-u^2)[(\frac{1}{R_1}+\frac{1}{R_1'})/D^3]^{1/2} \tag{2-11}$$

式中，E 为种薯的弹性模量，单位为 MPa；F 为屈服载荷，单位为 N；u 为泊松比，取 0.49；D 为种薯的形变量，单位为 mm；R_1、R_1' 为种薯与平板压头接触处的曲率半径，单位为 mm。

马铃薯种薯的弹性模量测定结果如表 2-8 所示。由表 2-8 可知，种薯的含水率对弹性模量有一定的影响，含水率越大，其弹性模量就越小，通过压缩试验测得种薯弹性模量的平均值为 6.63MPa。

表 2-8　马铃薯种薯的弹性模量测定结果

品　种	含水率/%	弹 性 模 量	
		均值/MPa	标准差/MPa
费乌瑞它	76.8	6.32	1.36
	73.1	6.91	1.78
尤金 885	75.7	5.75	0.97
	71.2	6.26	1.65
东农 312	80.5	6.96	1.55
	75.3	7.58	1.60
均　值	—	6.63	1.48

2.5　本章小结

本章选取东北地区广泛种植的尺寸等级不同的三种马铃薯种薯（费乌瑞它、尤金 885、东农 312）进行了物料特性研究，测定其基础物理特性（三轴算术平均径、几何平均径、球形率、质量、密度和含水率），并搭建多种物理力学试验台，测定并分析了种薯的相关力学参数（静摩擦系数、内摩擦角、自然休止角、刚度系数、弹性模量），为马铃薯精量排种器的结构设计及仿真分析提供理论依据与边界条件，具体结论如下。

（1）费乌瑞它、尤金 885、东农 312 的平均长分别为 46.86mm、51.67mm 和 55.38mm，平均宽分别为 40.12mm、46.21mm 和 42.75mm，平均厚分别为 34.44mm、41.09mm 和 36.76mm；三轴算术平均径分别为 40.47mm、46.32mm 和 44.96mm；几何平均径分别为 40.15mm、46.12mm 和 44.32mm；球形率分别为 0.86、0.89 和 0.80；平均质量分别为 35.91g、52.88g 和 50.56g；平均密度分别为 1.06g/cm³、1.03g/cm³ 和 1.11g/cm³；含水率在 74%～85%范围内。

（2）采用倾斜试验装置测定了费乌瑞它、尤金 885 和东农 312 分别与有机玻璃、聚氯乙烯、冷轧钢板、同品种种薯间的静摩擦系数；采用等应变直剪仪测得内摩擦角分别为 30.8°、31.9° 和 33.2°；采用注入法测得自然休止角分别为 37.9°、35.7° 和 34.2°。

（3）采用微机控制电子万能试验机测定了马铃薯种薯的刚度系数，费乌瑞它、尤金 885 及东农 312 在平放、侧放和立放时的刚度系数的平均值分别为 80.2N/mm、74.6N/mm 和 44.8N/mm；弹性模量的平均值为 6.63MPa，且种薯的含水率对弹性模量有一定的影响，含水率越大，弹性模量越小。

第3章　双列交错勺带式精量排种器关键部件优化设计与分析

为提高马铃薯机械式排种器的作业质量，结合东北地区马铃薯精密播种农艺要求，本章以勺带式精量排种器为研究载体，改进设计双列交错勺带式精量排种器，分析排种器的总体结构及工作原理，优化关键部件双列交错排种总成、主动驱动总成、振动清种装置、充种箱体的结构参数。利用最速降线截曲线优化设计取种凹勺，提高充种稳定性并扩大其对种薯的适应范围；通过柔性双列交错排种带延长取种凹勺的充种时间，充分利用排种带空间结构；通过主动驱动总成平稳驱动排种作业，避免出现种薯抛甩现象，减少机具的不规则振动；通过可调式振动清种装置和防夹带分流顶杆来提高清种作业性能，防止勺带打滑；各部件共同作用来提高播种的质量与效率，实现精密播种作业。

3.1　设计优化原则

精量排种器是马铃薯精量播种机具的核心部件之一，其排种性能直接影响马铃薯种植的质量及效率。在作业过程中，排种器应结合播种农艺要求将种薯均匀、定量地播于种床土壤中，且要求对种薯的机械损伤小，对各类型尺寸种薯的适应性好。设计马铃薯精量排种器应遵循如下原则。

（1）排种器整体结构简单，工作稳定，自身机械振动较小，具有良好的播种稳定性及均匀性，单粒种薯间的间距一致，种薯的损伤率低，适用于高速播种作业（速度大于 4.5km/h），且可根据不同地域的特点，快捷方便地调节播量及株距。

（2）排种器播种适应性较好，可适用于不同形状、尺寸等级的马铃薯播种作业，同时能快捷方便地更换取种凹勺及其他关键部件。

（3）排种器总体作业指标（合格指数、重播指数及漏播指数）均应优于国家标准 GB/T 6242—2006《种植机械　马铃薯种植机　试验方法》和 NY/T 1415—2007《马铃薯种植机质量评价技术规范》中的规定指标，即合格指数≥67%、重播指数≤

20%、漏播指数≤13%。

3.2 排种器主要结构及工作原理

3.2.1 主要结构

排种器的结构如图 3-1 所示，主要由主动驱动总成（张紧装置和主动带轮）、双列交错排种总成（柔性排种带和取种凹勺）、防架空充种箱体、防夹带分流顶杆、从动带轮、振动清种装置和护种罩壳等部件组成。其中，取种凹勺双列交错地布置并固装于柔性排种带上，其设计与布置的合理性会直接影响机具的作业质量。取种凹勺选用镀锌钢板冲压成型，边缘外翻下折为圆弧状，这样可减少取种凹勺在取种过程中种薯滑落和伤种的现象，取种凹勺的底部开设直径为 20mm 的圆孔，可减小取种凹勺的质量，漏除充种过程中的杂质。柔性排种带采用橡胶基带铆接制成，防止作业过程中出现夹带、断裂及打滑现象。振动清种装置的振源由直流电机提供，驱动可调式振动凸轮系统进行旋转间歇运动，能够保证规则振动的频率并提高振幅的稳定性。

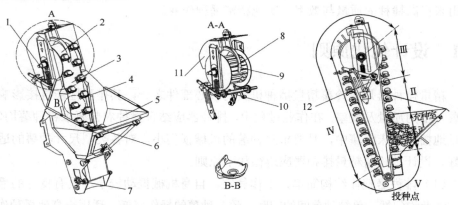

1—张紧装置；2—主动驱动总成；3—柔性排种带；4—取种凹勺；5—防架空充种箱体；6—马铃薯种薯；
7—从动带轮；8—防夹带分流顶杆；9—主动带轮；10、12—振动清种装置；11—护种罩壳
I—充种区；II—运移区；III—清种区；IV—导种区；V—投种区

图 3-1 排种器的结构

3.2.2 工作原理

排种器的工作原理如图 3-2 所示，其工作过程主要分为充种、运移、清种、

导种和投种 5 个串联阶段。在正常作业时，马铃薯种薯在重力的作用下填充至种箱的充种区内，通过充种箱体自身物料防架空限位结构控制种薯流动状态，避免出现种薯结拱的现象，通过充种箱体顶部的橡胶翻盖来控制种薯数量，保证充种区内的种薯动态平衡。动力由机具行走轮通过链传动传至主动带轮，进而驱动柔性排种带与取种凹勺整体自下而上平稳运移。马铃薯种薯在取种凹勺旋转搅动的作用下进行分种，形成速度不等的种薯层，在种薯自身重力、种薯间碰撞摩擦作用力及取种凹勺作用力的共同作用下进行取种作业，完成充种环节。当取种凹勺携带种薯并运移至清种区时，通过行走机具配套的直流电机驱动可调式振动凸轮系统进行规则旋转间歇振动，配合防夹带分流顶杆清除勺内及勺间夹带的种薯，保证单粒取种，完成清种环节。当取种凹勺舀取单粒种薯并越过主动带轮的最高点时，单粒种薯在取种凹勺作用力及自身重力的作用下落入前一取种凹勺的背部，且相邻取种凹勺与护种罩壳间形成封闭空间，从而进行平稳导种。种薯在被运移至投种点进行抛送的瞬间，由于离心力突变而进行零速投种，从而完成投种环节。

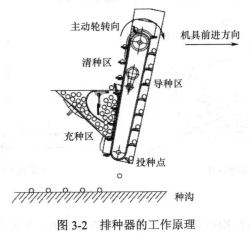

图 3-2　排种器的工作原理

3.3　关键部件结构优化设计

3.3.1　双列交错排种总成

双列交错排种总成是马铃薯精量排种器的关键部件之一，其主要由柔性排种带与取种凹勺组成,其中取种凹勺的结构形状、尺寸参数、布置方式直接影响排种器的充种性能。由于种薯的品种、尺寸差异较大,为提高排种器的充种运移性能并扩大播种适应范围,以三种类型马铃薯种薯的尺寸参数为设计依据,结合最速降线理论对取种凹勺截曲线进行优化设计。在此基础上,采用双列取种凹勺交错排列方式,延长取种凹勺的充种时间,改善排种器的充种质量,满足取种凹勺对间距的要求,这种方式既提高了排种工作效率,又可避免取种凹勺由于间距过小而产生的空勺现象,从而满足播种农艺要求。

1. 取种凹勺

在取种凹勺的优化设计过程中,应简化取种凹勺的内部结构,保证各朝向种薯受力均匀平稳,且可快速舀取种薯至取种凹勺中,延长充种时间、提高稳定性[80~81]。因此本节重点对取种凹勺最速降线截曲线进行研究分析,通过截曲线旋转扫描优化取种凹勺实体为半球碗状,如图 3-3(a)所示。其中,取种凹勺的主要结构参数为开口直径 D、深度 H、扫描截曲线参数。

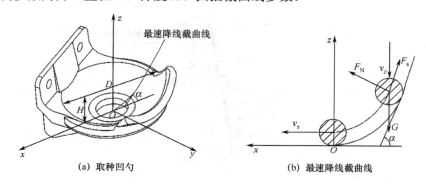

(a) 取种凹勺　　　　　　　　　(b) 最速降线截曲线

图 3-3　取种凹勺的结构

取种凹勺的基本结构参数(开口直径 D 和深度 H)主要与种薯的整体尺寸有关,其设计应遵循 $D > \overline{L} > \overline{W} > 2H$ 原则[82~83],其中 $\overline{L}$ 为马铃薯种薯的平均长度,$\overline{W}$ 为马铃薯种薯的平均厚度。

为扩大取种凹勺的适应范围,选取黑龙江省种植范围较广且尺寸等级不同的三种类型供试马铃薯品种(费乌瑞它、尤金 885、东农 312)作为设计依据,通过人工清选分级处理,对每个品种随机抽取 200 粒种薯,测量其尺寸,统计数据平均值,结果如表 3-1 所示。

根据表 3-1 中各类型马铃薯种薯的尺寸参数,设计取种凹勺的开口直径 D 为

56mm，取种凹勺的深度为 16.5mm。

表 3-1　马铃薯种薯尺寸平均值的统计结果

品　　种	长/mm	宽/mm	厚/mm
费乌瑞它	46.86	40.12	34.44
尤金 885	51.67	46.21	41.09
东农 312	55.38	42.75	36.76

在取种凹勺的设计中，为保证各个朝向的种薯被取种凹勺舀取后可顺利、快速地滑落到取种凹勺的底部，从而缩短充种时间、提高充种性能，可将种薯视为质点，假设种薯选择所需时间尽可能短的轨迹来滑移至取种凹勺的底部，将取种凹勺的边界曲线设计为最速降线截曲线 [84~86]。

为分析取种凹勺的充种运移性能，对取种凹勺最速降线截曲线进行研究，图 3-3（b）所示为根据取种凹勺舀取种薯的实际运动情况抽象的模型示意图。种薯由取种凹勺开口处滑移至底部，其滑移所经历的最短路径就是最速降线截曲线。

以取种凹勺的底部中心为坐标原点 O，建立空间直角坐标系 xyz。简化最速降线截曲线方程为抛物线，即 $z = ax^2$，研究种薯在 xOz 平面内的运动状态[87]，则

$$\begin{cases} mg\cos\alpha = F_N \\ F_s = F_N\tan\varphi \end{cases} \tag{3-1}$$

式中，m 为马铃薯种薯的质量，单位为 g；g 为重力加速度，单位为 m/s²；α 为最速降线截曲线在滑落点的切线倾角，单位为°；φ 为马铃薯种薯与取种凹勺间的摩擦角，单位为°；mg 为马铃薯种薯的自身重力，单位为 N；F_N 为取种凹勺的支持力，单位为 N；F_s 为取种凹勺的摩擦力，单位为 N。

假设在舀取过程中取种凹勺的摩擦力 F_s 所做的功为 A，当种薯的滑移高度为 h 时，其横向位移为 $-\sqrt{h/a}$，即种薯滑移至取种凹勺的底部，此时截曲线为最速降线截曲线。

当 $z = h$ 时，$x = -\sqrt{h/a}$。$dA = F_s ds$，则 A 可表示为

$$A = \int F_s ds = \int mg\cos\alpha\tan\varphi ds = -\int_{\sqrt{h/a}}^{0} mg\tan\varphi dx = -mg\tan\varphi\sqrt{h/a} \tag{3-2}$$

此过程应满足能量守恒定律，即

$$\frac{1}{2}mv_z^2 + mgh = \int F_s ds + \frac{1}{2}mv_x^2 \tag{3-3}$$

则　　　　　　　　　　$$v_z^2 + 2gh = -2g\tan\varphi\sqrt{h/a} + v_x^2 \tag{3-4}$$

整理式（3-4）可得

$$\frac{v_z^2 + 2gh - v_x^2}{2g\tan\varphi} = -\sqrt{h/a} \tag{3-5}$$

将式（3-5）合并简化，可得

$$a = h\left(\frac{2g\tan\varphi}{v_z^2 - v_x^2 + 2gh}\right)^2 \tag{3-6}$$

式中，v_z 为马铃薯种薯的初始下滑速度，单位为 m/s；v_x 为马铃薯种薯的终止水平速度，单位为 m/s；h 为马铃薯种薯的滑移高度，单位为 mm，其最大值为取种凹勺的深度 H。

将式（3-6）代入抛物线方程 $z = ax^2$ 中，可得

$$z = h\left(\frac{2g\tan\varphi}{v_z^2 - v_x^2 + 2gH}\right)^2 x^2 \tag{3-7}$$

式中，切线倾角 α 为

$$\alpha = \arctan\left[2h\left(\frac{2g\tan\varphi}{v_z^2 - v_x^2 + 2gH}\right)^2 x\right] \tag{3-8}$$

在理想状态下，马铃薯种薯滑移至取种凹勺底部时的速度为 v_x=0m/s，种薯的滑移高度 h 为取种凹勺的深度 H=16.5mm，马铃薯种薯与取种凹勺间的摩擦角 φ=31°～42°，实际作业过程中排种器主动轮的工作转速为 20～50r/min，种薯滑移轨迹的横坐标 x=28mm，代入式（3-8）可得最速降线截曲线的切线倾角 α 的范围为 36.78°～66.32°。

2. 双列交错排种带

柔性排种带是连接各个取种凹勺进行投种作业的枢纽部件，本书所设计的柔性排种带选取 4 层橡胶帆布基带（厚 5mm）通过铆接搭扣交错连接制成，具有良好的回转挠性，可有效抵消周期性弯曲变形。在排种带上合理布置取种凹勺的位置是提高马铃薯播种作业性能的关键所在，有利于改善播种作业的均匀性、提高直线度，减小种薯落入种沟时的瞬时速度，实现零速投种的作业要求。因此，为延长取种凹勺的充种时间、合理利用排种带的空间结构、减少播种过程中的重播及漏播现象，此处提出一种双列交错排列方式，双列交错排种带的布置结构与运动分析图如图 3-4 所示。

橡胶带的两端搭接在一起，用钢丝绳代替销钉连接，这样便于安装及更换。

钢丝绳具有较好的柔韧性，可增大回转挠性，另外为了防止橡胶带脱出，连接好后应散开钢丝绳的两头，橡胶带接头结构如图 3-5 所示。将橡胶带接头同样设计成交错式，这样的结构不会与取种凹勺安装发生冲突，同时便于取种凹勺的排列安装。根据设计要求综合考虑，取种凹勺间距 $L=70\text{mm}$，排种带的单列取种凹勺的数量为 18 个，总计 36 个，排种带的总长度为 2520mm。

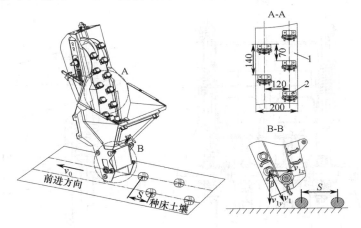

1—柔性排种带；2—取种凹勺

图 3-4　双列交错排种带的布置结构与运动分析图

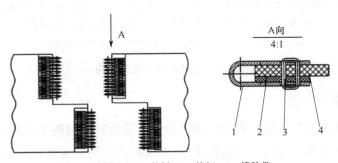

1—钢制搭扣；2—垫板；3—铆钉；4—橡胶带

图 3-5　橡胶带接头结构

3.3.2　主动驱动总成

主动驱动总成是排种器作业的动力源，其设计应保证在各工况转速下排种带均不出现打滑现象、机具振动小、种薯翻越时不甩离出取种凹勺。主动驱动总成的结构如图 3-6 所示, 主动驱动总成主要由主动轮轴、主动带轮、张紧装置及相关配件组成。其中, 主动带轮采用钢板冲压焊接成型, 主动带轮的凹槽与排种带紧固螺栓定位匹配。张紧装置与机架固定连接, 通过调节其控制手柄可改变张紧弹簧的压缩程度, 选取弹簧材料为碳素弹簧钢丝, 簧丝直径为 4.5mm, 弹簧中径为 25mm, 总圈数为 11, 工作极限载荷为 853.3N[88]。

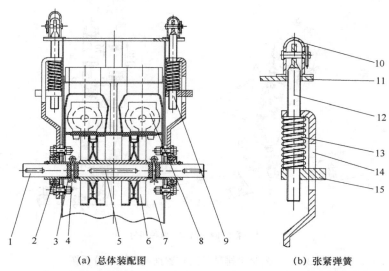

(a) 总体装配图 　　　　　　　　　 (b) 张紧弹簧

1—主动轮轴; 2—球面轴承; 3—轴套; 4—开口销; 5—止动键; 6—主动带轮;
7—机架; 8—柔性排种带; 9—张紧装置; 10—控制手柄; 11—顶杆;
12—调整螺杆; 13—张紧弹簧; 14—吊挂上座; 15—调整滑块

图 3-6　主动驱动总成的结构

1. 主动带轮半径

为研究取种凹勺运移上升阶段的平稳性, 分析种薯翻越主动带轮时与取种凹勺保持相对平衡且不被甩离的临界条件, 对此阶段种薯的运动状态进行力学分析, 最终可确定主动带轮的半径。种薯抛送临界力学分析图如图 3-7 所示, 当单粒种薯随取种凹勺运动至主动带轮临界处时, 种薯受主动带轮的离心力 F_c、取种凹勺的摩擦力 F_s、取种凹勺的支持力 F_N 及自身重力 G 的共同作用。在主动带轮工作的过程中, 种薯升运到主动带轮处, 最终会翻越主动带轮进入排种导管, 种薯在主动带轮离心力的作用下做圆周运动, 当离心力大于取种凹勺的摩擦力与重力分力之和时, 种薯会被抛离出去, 产生漏播现象。若要保证种薯与取种凹勺相对平衡,

避免种薯被甩离取种凹勺从而影响后续的导种作业，则各力间应满足

$$\begin{cases} F_s + G\sin\theta \geqslant F_c \\ F_N = G\cos\theta \\ F_s = F_N\mu \\ F_c = m\dfrac{v^2}{R_1} \end{cases} \tag{3-9}$$

式中，μ 为取种凹勺与种薯间的摩擦因数；θ 为取种凹勺的相对旋转角，单位为°；v 为主动带轮的线速度，单位为 m/s；R_1 为主动带轮的半径，单位为 mm。

为求得主动带轮的半径，将式（3-9）进行整理可得

$$R_1 \geqslant \frac{v^2}{g(\sin\theta + \mu\cos\theta)} \tag{3-10}$$

通过查阅相关文献可知，主动带轮的线速度与播种机的作业速度成正比，当主动带轮的线速度等于 0.5m/s 时，作业质量及性能良好；若主动带轮的线速度大于 0.5m/s，则作业质量显著下降，存在较严重的漏播现象[89]。因此，主动带轮的线速度 v 取 0.5m/s，g 取 9.8m/s²，μ 取 0.4，将上述参数代入式（3-10），可得主动带轮的半径 $R_1 \geqslant 0.064$m，综合考虑，取 $R_1 = 80$mm。

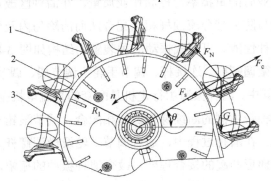

1—取种凹勺；2—柔性排种带；3—主动带轮

图 3-7　种薯抛送临界力学分析图

2. 主动带轮转速

为研究取种凹勺运移上升阶段的平稳性，分析种薯翻越主动带轮时与取种凹勺保持相对平衡且不被甩离的临界条件，对此阶段种薯的运动状态进行力学分析，同样可获得主动带轮转速的数值范围。为保证种薯与取种凹勺相对平衡，避免种薯被甩离取种凹勺从而影响后续导种作业，可将式（3-9）变形整理，则各力间应满

足

$$\begin{cases} F_s + G\sin\theta \geqslant F_c \\ F_N = G\cos\theta \\ F_s = F_N\mu \\ F_c = 4(\pi n)^2 mR_1 \end{cases} \tag{3-11}$$

式中，n 为主动带轮的转速，单位为 r/min。

为求解临界甩离状态下转速的极限值，将式（3-11）进行整理可得

$$n \leqslant \sqrt{\frac{g(\sin\theta + \mu\cos\theta)}{4\pi^2 R_1}} \tag{3-12}$$

由于排种器的整体结构一定，其主动带轮的半径 R_1=80mm，取种凹勺的相对旋转角 θ 的范围为 40º～100º，将上述参数代入式（3-12），可得在工况条件下当排种器转速小于 54.2r/min 时，种薯与取种凹勺保持相对平衡，不发生相对滑移现象。因此在后续多因素试验中，所设定的转速应小于此临界值，以寻求最佳因素组合。

3.3.3　振动清种装置

为减小播种作业时的重播率、提高作业质量，在清种区改进设计可调式振动清种装置，该装置与防夹带分流顶杆相互配合从而清除勺内及勺间夹带的种薯，以提高排种器的清种性能。可调式振动清种装置的结构如图 3-8 所示，可调式振动清种装置主要由微调螺杆、连接杆、调节手轮、调节架、调节滚轮、振动凸轮、柔性排种带组成。其中，清种振源由行走机具配套的直流电机驱动凸轮系统提供，振动凸轮与柔性排种带内侧的断续梯形凸起相配合，调节滚轮与柔性排种带内侧的平面部分相接触。在清种过程中，通过调节手轮及微调螺杆来调整调节滚轮与柔性排种带的断续梯形凸起的接合程度，改变清种振动的振幅，柔性排种带内侧的断续梯形凸起与两个振动凸轮产生均匀振动，将多余种薯清除。

振动频率及振幅是影响排种器清种性能的主要因素，本书对振动清种原理及影响因素进行研究，分析其有效振动清种的临界条件。振动清种原理如图 3-9 所示，根据在振动清种过程中由种薯的实际运动状态抽象出的模型简化示意图，分析取种凹勺内舀取两个种薯的状况，此时重播种薯受到底部种薯的双向支持力 F_{N1} 和 F_{N2}、种薯间的摩擦力 F_s 及自身重力 G 的共同作用。假设垂直于柔性排种带运移方向为 x 轴，种薯在电机振源的激励下沿 x 轴进行简谐振动，其位移简化表示为

$$P = \lambda \sin \vartheta = \lambda \sin \omega t \tag{3-13}$$

式中，P 为振动清种装置的振动位移，单位为 mm；ϑ 为振动清种装置的振动相位角，单位为°；λ 为振动清种装置沿振动方向的振幅，单位为mm；ω 为振动清种装置的振动角速度，单位为 rad/s；t 为振动清种装置的运动时间，单位为 s。

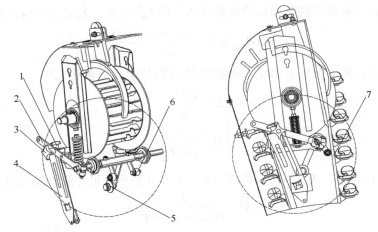

1—微调螺杆；2—连接杆；3—调节手轮；4—调节架；5—调节滚轮；6—振动凸轮；7—柔性排种带

图 3-8　可调式振动清种装置的结构

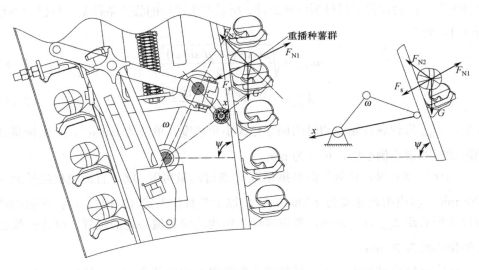

图 3-9　振动清种原理

由力学分析可知，当上部重播种薯所受的正压力总和 $F_{\mathrm{N}}{}' \leqslant 0$ 时，种薯将相对

于取种凹勺发生位移跳动，即

$$F_N' = -m\omega^2 \lambda \sin \vartheta_{min} + mg\cos\psi + F_s \leqslant 0 \qquad (3\text{-}14)$$

式中，$F_s = \mu'G\sin\psi$，μ' 为种薯间的摩擦因数；ϑ_{min} 为取种凹勺的临界跳动最小相位角，单位为°；ψ 为柔性排种带的倾斜角，单位为°。

分析其重播种薯跳落抛掷的临界状态，即 $F_N' = 0$ 时，将式（3-14）整理可得

$$\sin \vartheta_{min} = \frac{g(\cos\psi + \mu'\sin\psi)}{\omega^2 \lambda} \qquad (3\text{-}15)$$

在此引入振动强度 K 和清种抛掷指数 Q 的概念，其表达式为

$$\begin{cases} K = \dfrac{\omega^2 \lambda}{g} \\ Q = \dfrac{1}{\sin \vartheta_{min}} \end{cases} \qquad (3\text{-}16)$$

将式（3-14）、式（3-15）和式（3-16）合并整理，可得清种抛掷指数

$$Q = \frac{K}{\cos\psi + \mu'\sin\psi} \qquad (3\text{-}17)$$

分析可知，当清种抛掷指数等于 1，即发生种薯振动清种时，重播种薯仅受到自身重力及底部种薯的支持力的作用，受种薯形状及振动等的影响，两力不共线将产生转矩，这会使得重播种薯翻转清种。所以产生跳动的临界条件是清种抛掷指数等于 1，则有

$$\omega_{min} = \sqrt{\frac{g(\cos\psi + \mu'\sin\psi)}{\lambda}} \qquad (3\text{-}18)$$

$$\lambda_{min} = \frac{g(\cos\psi + \mu'\sin\psi)}{\omega^2} \qquad (3\text{-}19)$$

式中，ω_{min} 为种薯开始跳动时的偏心轮最小角速度，单位为 rad/s；λ_{min} 为种薯开始跳动时的最小偏心距，单位为 mm。

当 ψ 为 80° 时，种薯间的摩擦系数 μ' 通过测量可取 0.6，直流电机的转速为 600r/min，即电机角速度为 62.8rad/s，将以上参数代入式（3-19），可得出偏心轮的最小偏心距 λ_{min} 为 18mm，考虑排种器结构及安装偏心轮的位置，确定该偏心轮的偏心距为 20mm。

在实际作业过程中，由于排种器的配置电机频率及安装角度等参数固定，因此常通过调节振动清种装置的振幅来提高播种作业的质量。

3.3.4　充种箱体

由于排种带上的取种凹勺直接从充种箱体的底部舀取种薯，因此要求种薯在流动至充种箱体的底部时不能产生断流的现象，否则会影响排种器的充种运移性能，产生漏播现象；也不能使种薯在充种箱体的底部无限地堆积，这样会增大排种器的工作阻力。因此应对充种箱体侧壁的倾斜角度、防架空装置和限流装置分别进行分析与设计，如图 3-10 所示。

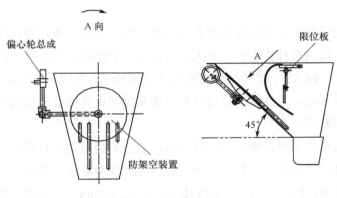

图 3-10　充种箱体结构

为了改善种薯的流动性能，采用摆动式防架空装置，地轮旋转从而驱动偏心轮运动，偏心轮通过拨杆带动防架空装置，使其紧贴充种箱体的内壁往复摆动，从而对充种箱体底部的种薯产生扰动，破坏种群的平衡，防止出现架空现象。为避免两根拨杆间堆积种薯从而造成堵塞现象，可根据种薯尺寸，确定长拨杆间距为 90mm，短拨杆间距为 190mm。拨杆的长度由充种箱体的深度来决定，由于其深度为 584mm，因此确定短拨杆长度为 140mm，长拨杆长度为 300mm。拨杆直径为 15mm，材质为圆钢，拨杆直径不宜过大，否则会干扰取种凹勺的正常工作，拨杆在摆动时，利用拨杆直径凸起高度来扰动种薯，以达到防架空的目的。防架空装置的摆角由充种箱体的底部宽度决定，箱底宽度为 270mm，所以确定摆角为 30º[90]。

限位板由两部分组成：一部分为柔性挡板，种薯主要和柔性挡板接触，防止损伤；另一部分为刚性可伸缩挡板，其长度和角度都可以调整，通过调整角度与伸长量，可改变种薯流量，进而保持充种区种薯量的动态恒定。充种箱体的侧壁与水平面的夹角应大于种薯的自然休止角，通过前述马铃薯物理特性测定可知，种薯的自然休止角的范围为 34º～38º，因此将夹角设计成 45º，以满足种薯顺利下落的需求。

3.4 本章小结

本章根据排种器的设计原则及马铃薯的播种农艺要求，优化设计了双列交错勺带式马铃薯精量排种器，并对其主要结构和工作原理进行了研究，具体研究内容如下。

（1）优化设计了排种器关键部件双列交错排种总成，通过最速降线截曲线设计取种凹勺，提高充种稳定性、扩大适应范围，最终确定取种凹勺切线倾角 α 的范围为 36.78º～66.32º。柔性排种带选取 4 层橡胶帆布基带（厚 5mm），通过铆接搭扣交错连接制成，柔性双列交错排种带能充分利用排种带的空间结构，延长取种凹勺的充种时间。

（2）主动带轮采用钢板冲压焊接而成，通过对翻越主动带轮时未甩离出取种凹勺的种薯进行受力分析，对主动驱动总成的各项参数进行计算，最终确定主动带轮的半径为 80mm，主动带轮的转速应小于 54.2r/min。主动带轮的张紧装置选用的弹簧材料为碳素弹簧钢丝，簧丝直径为 4.5mm，弹簧中径为 25mm，总圈数为 11，工作极限载荷为 853.3N。

（3）为减小播种作业时的重播率、提高作业质量，在清种区改进设计可调式振动清种装置，对在振动清种过程中的种薯进行受力分析，得到偏心轮角速度与偏心距的关系，最终确定偏心轮的偏心距为 20mm。

（4）对充种箱体侧壁的倾斜角度、防架空装置进行了分析与设计，由种薯尺寸确定长拨杆间距为 90mm，短拨杆间距为 190mm，短拨杆长度为 140mm，长拨杆长度为 300mm。拨杆直径为 15mm，材质为圆钢。根据充种箱体的底部宽度确定防架空装置的摆角为 30º。依据种薯的自然休止角，确定充种箱体的侧壁与水平面的夹角为 45º。

第4章 基于离散元素法的马铃薯精量排种器充种运移性能仿真模拟分析

前面章节主要对马铃薯精量排种器的关键部件进行了优化设计，而双列交错排种总成作为排种器的核心工作部件，其取种凹勺的设计直接影响机具的充种运移性能及播种质量，本章以三种类型马铃薯种薯的尺寸参数为设计依据，结合最速降线理论对取种凹勺的截曲线进行优化改进。由于马铃薯种薯类型具有多样性，种薯尺寸具有一定差异，因此高速作业时取种凹勺的充种运移性能降低，造成了排种器的适应范围较小、作业效率低等问题。因此研究充种过程中马铃薯种薯的运动规律、分析工作转速及倾斜角度对排种器充种运移性能的影响，对马铃薯精量排种器关键部件的改进设计具有一定的参考及指导意义。

在实际工作过程中，由于种薯群体间及种薯与工作部件间存在碰撞、舀取运动较复杂，因此无法完全通过理论研究分析因素间的相互作用。近些年随着计算机技术的发展，离散元素法（Discrete Element Method，DEM）及其数值模拟仿真软件 EDEM 在农业工程领域得到了广泛应用，为研究颗粒群体的运动规律提供了良好的平台与手段。本章以所设计的双列交错勺带式马铃薯精量排种器为研究载体，建立充种舀取过程动力学模型，分析充种过程中各因素对充种运移性能的影响。在此基础上结合离散元素法开展充种运移性能虚拟试验，对充种过程中不同尺寸等级的种薯的重播、漏播问题的主要原因进行分析，并开展单因素虚拟试验，为后续试验样机的试制及台架试验提供保障。

4.1 离散元素法理论及应用

4.1.1 离散元素法基本原理与力学模型

离散元素法是分析与求解复杂离散系统动力学问题的一种新型数值方法，通过建立固体颗粒系统的参数化模型，进行颗粒行为的模拟和分析[91]。它与求解复杂连续系统的有限元法具有类似的物理意义、平行的数学概念。

（1）离散元素法基本原理

离散元素法将研究对象划分为一个个相互独立的单元，根据单元之间的相互作用和牛顿运动定律，采用动态松弛法或静态松弛法等迭代方法循环迭代计算每个时间步长所有单元的受力及位移，并更新所有单元的位置，通过对每个单元的微观运动进行跟踪计算，可得到整个研究对象的宏观运动规律[92~94]。在离散元素法中，单元间的相互作用被视为瞬态平衡问题，并且只要对象内部的作用力达到平衡，就认为其处于平衡状态，同时，在任意时刻单元所受到的作用力只取决于该单元本身及与之直接接触的其他单元。

（2）离散元素法颗粒模型

离散元素法把分析对象划分为充分多的离散单元，每个颗粒或块体为一个单元，根据全过程中的每一时刻各颗粒间的相互作用计算接触力，再运用牛顿运动定律计算单元的运动参数，这样反复交替运算，实现对象运动情况的预测。

根据处理问题、颗粒模型、计算方法的不同，颗粒模型可分为硬球模型和软球模型两种。若模拟颗粒运动比较快的情况（如剪切流、库特流），在碰撞过程中颗粒本身不会产生显著的塑性变形，则在考虑两个颗粒同时碰撞的问题时可利用硬球模型。而在模拟两个颗粒间的碰撞过程且其发生在一段时间范围内的情况时，可利用软球模型。

（3）颗粒模型运动方程

由力-位移关系可得到颗粒受到的作用力，由牛顿第二定律得颗粒 i 的运动方程为

$$\begin{cases} m_i u_i'' = \sum F \\ I_i'' \theta_i'' = \sum M \end{cases} \tag{4-1}$$

式中，u_i''、θ_i'' 分别为颗粒 i 的加速度、角加速度；$\sum F$、$\sum M$ 分别为颗粒在质心处受到的合外力、合外力矩；m_i、I_i'' 分别为颗粒 i 的质量、转动惯量。

可用中心差分法来求解式（4-1），并用此方法对其进行数值积分，得其更新速度为

$$\begin{cases} (u_i')_{N+\frac{1}{2}} = (u_i')_{N-\frac{1}{2}} + \left[\sum F / m_i\right]_N \Delta t \\ (\theta_i')_{N+\frac{1}{2}} = (\theta_i')_{N-\frac{1}{2}} + \left[\sum M / I_i\right]_N \Delta t \end{cases} \tag{4-2}$$

式中，Δt 为时间步长；N 对应的时间为 t。

对式（4-2）进行积分处理，可得到关于位移的等式

$$\begin{cases} (u_i)_{N+1} = (u_i)_N + \left[u_i'\right]_{N+\frac{1}{2}} \Delta t \\ (\theta_i)_{N+1} = (\theta_i)_N + \left[\theta_i'\right]_{N+\frac{1}{2}} \Delta t \end{cases} \tag{4-3}$$

由式（4-3）可得颗粒的更新位移值，并将其代入力-位移关系计算新的作用力，反复循环，跟踪每个颗粒在任意时刻的运动，如图 4-1 所示为计算循环图。图中，F_1 表示单颗粒受到的力。

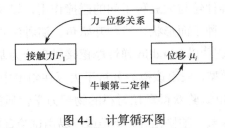

图 4-1　计算循环图

4.1.2　离散元素法在农业工程领域的研究与应用

离散元素法最初应用于岩土工程领域，并取得了巨大的成就。20 世纪 90 年代，国内外学者开始将此方法应用于农业工程领域，如土壤力学、谷物干燥和精密排种等。

在土壤力学领域，Tanaka H 等人[95]采用离散元素法仿真分析了金属棒插入土壤时的土壤阻力及变形情况，认为离散元素法可模拟土壤的运动和变形情况，并对存在的问题进行了讨论，计算时步的选取对计算求解的稳定性有一定的影响。Makanda J T 等人[96]研究了不同倾角和宽深比的铲柄对土壤耕作后表现的宏观失效状况的影响，并推导出相应的数学表达式。Shmulevichi I 等人[97]利用离散元软件对 4 种不同的切土刀的切土过程进行仿真，仿真结果表明，水平作用力的趋势基本相同，而垂直作用力的差距较大。Coetzee C J 等人[98]用离散元素法对铲斗的铲土过程进行仿真模拟，与试验结果进行对比，并分析铲土时土壤的运动过程和

铲土角度对铲土过程的影响。钱立斌[99]运用离散元素法模拟土壤的双轴试验、直接剪切试验、土壤坚实度实验和开沟器开沟试验，并与试验结果进行对比，得出仿真与试验结果基本一致的结论。

在谷物干燥领域，Yang S C 等人[100]利用离散元模型考察二维料仓加料和卸料的过程，为有效地改善颗粒的流动状态，安置了圆锥形的内件。Cleary P W 等人[101]对工业尺寸料仓进行了三维仿真，研究了非球形颗粒的流动，并对颗粒形状对流动的影响及作用进行分析，仿真得出颗粒流动形态由大规模流变成了漏斗流的结论。周德义等人[102]利用离散元素法对散粒农业物料孔口出流成拱规律进行仿真分析，利用离散元素法研究了试验所不能分析与解决的散粒农业物料流动、成拱参数的分析，如黏结力、内摩擦系数等。

在精密排种领域，申海芳[103]采用离散元素法对组合内窝孔精密排种器的工作过程进行研究，并对排种轮与大豆种子间的碰撞作用，以及排种轮半径和工作转速对最外层种子运动、种子面形状、清种开始角、清种终止角的影响进行了仿真分析。Vu-Quoc L 等人[104]以 Mindlin 弹性摩擦接触理论为基础，提出了适合于无粘颗粒的新切向力学模型，采用该模型分析了大豆在斜槽中的流动过程。Zhang X 等人[105]提出了通过简单试验获得颗粒材料的物理力学性质的方法，这些性质参数（杨氏模量、碰撞恢复系数、泊松比等）不能或不易由试验直接测得，但在研究仿真颗粒流动的过程中十分重要。Sakaguchi E 等人[106]分别用试验方法和离散元素法研究了同规模的大米与稻谷的振动分离，试验分离盘上的凹槽用虚拟壁模拟，稻谷用二维圆盘颗粒模拟，结果表明，只有与分离盘底部相接触的颗粒才会受壁面的影响。

4.1.3　离散元仿真软件 EDEM 的应用

EDEM 软件是世界上第一款基于高级离散元素法的通用仿真分析软件，该软件由英国 DEM-Solutions 公司开发。对于一些复杂生产机械的设计、优化，可利用该软件进行仿真、模拟、分析工业颗粒的处理和制造过程[107~108]。EDEM 软件能够快速地建立颗粒固体系统的参数化模型，并导入真实颗粒的 CAD 模型，赋予其机械、材料和其他物理属性来建立颗粒模型并进行分析。EDEM 应用界面如图 4-2 所示。

EDEM 软件主要由三部分组成：前处理（Creator）、求解器（Simulator）和后处理（Analyst），EDEM 仿真求解流程如图 4-3 所示。

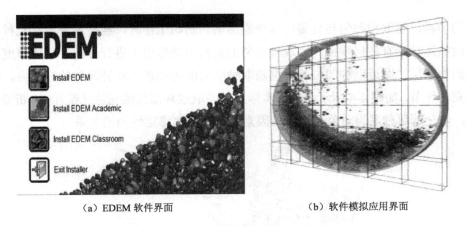

（a）EDEM 软件界面　　　　　　（b）软件模拟应用界面

图 4-2　EDEM 应用界面

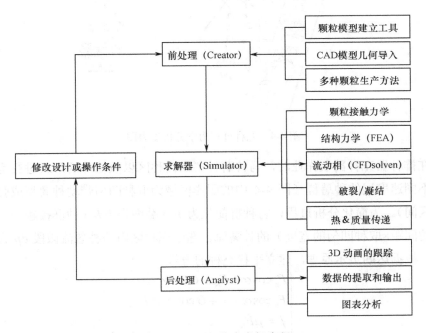

图 4-3　EDEM 仿真求解流程

4.2　充种舀取过程动力学分析

充种舀取过程是马铃薯精量排种器最重要的工作环节之一，在该过程中，种薯自身重力、种薯间的碰撞摩擦力、取种凹勺的支持力、离心力共同组成相互平衡的力系，使取种凹勺与种薯可以平稳运动。初始工作时，马铃薯种薯在充种箱体内的运动没有任何规律，在取种凹勺的旋转搅动作用下进行分种，形成速度不等的种薯层，贴近取种凹勺的种薯随取种凹勺的运动进入取种凹勺的空间内，完成充种环节。如图 4-4 所示为根据实际充种舀取过程简化的充种过程力学分析受力图，以马铃薯种薯为对象，研究各因素与充种运移稳定性间的关系。

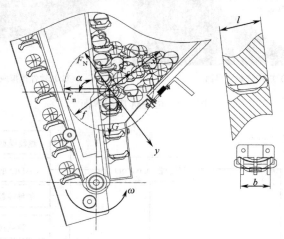

图 4-4　充种过程力学分析受力图

　　在排种器充种舀取作业时，马铃薯种薯在舀种区以散粒体的形式进行运动，形成不同速度层的种薯群（图 4-4 中的阴影区域为取种凹勺带动种薯形成强制运动的区间）。为简化分析过程，将种群简化为矩形截面为 $l×b$（种群接触面与取种凹勺的间距×取种凹勺的宽度）的种薯流。选取充种区内的种薯流微段 dp 为研究对象，根据达朗贝尔原理，建立平稳充种的方程

$$\begin{cases} F_n \cos\alpha + F_N = G\sin\gamma \\ F_n \cos\alpha + f + G\cos\gamma \geqslant F_c \\ f = \mu F_N \\ F_n = \mu G \\ F_c = \dfrac{mv^2}{R_1} \\ G = mg \end{cases} \qquad (4\text{-}4)$$

式中，m 为马铃薯种薯的质量，单位为 kg；G 为马铃薯种薯的自身重力，单位为 N；f 为种薯流微段与取种凹勺的摩擦力，单位为 N；F_n 为种群对种薯流微段的

侧向压力，单位为 N；F_c 为种薯流微段的离心力，单位为 N；F_N 为取种凹勺对种薯流微段的支持力，单位为 N；v 为排种带运移的线速度，单位为 m/s；μ 为种薯流微段与取种凹勺的摩擦系数；α 为排种带的倾斜角度，单位为°；γ 为种薯的自然休止角，单位为°；R_1 为主动带轮的半径，单位为 mm。

将式（4-4）进行整理，可得

$$\alpha \geqslant \pi - \arccos\left(\frac{mv^2 - F_N \mu R_1 - mgR_1\cos\gamma}{\mu mgR_1}\right) \tag{4-5}$$

由式（4-5）分析可知，排种带的倾斜角度 α 是影响平稳充种运移的主要因素，主要与种薯的自然休止角 γ、主动带轮的半径 R_1、排种带运移的线速度 v 有关，同时倾斜角度 α 也直接影响排种器振动清种的作业效果。在实际作业过程中，马铃薯种薯的自然堆积角（34°～38°）及排种器主动带轮的工作转速（20～50r/min）一定，将上述参数代入式（4-5），可得排种带的倾斜角度 $\alpha \geqslant 62.8°$。因此在后续单因素虚拟试验中，将以排种带的倾斜角度为试验因素，来考察排种器充种运移的质量。

4.3　EDEM 虚拟仿真模型建立

由第 3 章及本章的理论分析可知，排种器的工作转速和倾斜角度与其充种运移性能有重要关系。本节将以三种尺寸等级的马铃薯种薯为供试品种，以工作转速及倾斜角度为试验因素，以取种凹勺充种单粒率为试验指标，建立相关仿真模型，运用 EDEM 软件进行充种运移性能虚拟试验，同时分析造成不同尺寸等级种薯重播、漏播问题的主要原因，并检验所优化设计的排种器的播种适应范围，该试验可为后续的排种器样机试制提供基础。

4.3.1　排种器模型建立

为便于仿真模拟及计算，去除与种薯运动过程无关的部件，应用三维制图软件 Pro/Engineer 进行实体建模，并以.igs 格式导入 EDEM 软件中。将主动带轮和从动带轮设为转动件，设定两者为 moving plane 模型，输入其工作转速、运移速度、开始时间及结束时间，其余零部件设置为固定件。在此基础上创建虚拟工厂（颗粒生成区域），设定虚拟平面中心坐标、长边尺寸和短边尺寸，虚拟工厂的面积为排种器充种箱体上的截面面积，双列交错勺带式马铃薯精量排种器仿真模型如

图 4-5 所示。设置取种凹勺的材料为钢材，其泊松比为 0.30，剪切模量为 7×10^{10} Pa，密度为 7800kg/m³；设置充种箱体的材料为铝合金，其泊松比为 0.42，剪切模量为 1.7×10^{10} Pa，密度为 2700kg/m³；设置排种带的材料为橡胶，其泊松比为 0.45，剪切模量为 1×10^{6} Pa，密度为 9100kg/m³。物理材料属性如表 4-1 所示。

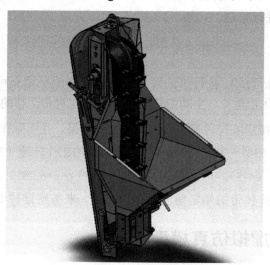

图 4-5　双列交错勺带式马铃薯精量排种器仿真模型

表 4-1　物理材料属性

材 料 属 性	泊 松 比	剪切模量/Pa	密度/（kg/m³）
铝合金	0.42	1.7×10^{10}	2700
钢　材	0.3	7×10^{10}	7800
橡　胶	0.45	1×10^{6}	9100

4.3.2　马铃薯种薯离散元模型建立

马铃薯种薯的尺寸等级是影响单粒精量充种运移性能的重要因素，为检验排种器播种作业的适应范围，本节选取不同尺寸等级的马铃薯种薯进行研究[109]。目前我国尚无关于马铃薯种薯的尺寸等级划分的标准，通过对目前马铃薯种植调研情况的分析，选取三种不同尺寸等级的马铃薯供试种薯（费乌瑞它、尤金 885、东农 312）作为参考进行颗粒建模，将马铃薯种薯模型创建为椭球体颗粒模型，创建该模型时采用的是四面体构型法。应用三维制图软件 Pro/Engineer 按种薯的长、宽、厚频率分布均值进行三维模型建立，并通过多球面组合的方式在 EDEM

软件中进行填充，马铃薯种薯实物图及颗粒建模如图 4-6 所示。在 EDEM 软件中设定马铃薯种薯的相关参数，泊松比为 0.49，剪切模量为 2.22×10⁶Pa，密度为 1070kg/m³，并自动计算马铃薯种薯的质量、体积及绕各轴的转动惯量等参数。

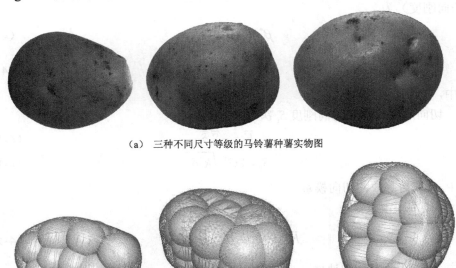

（a）　三种不同尺寸等级的马铃薯种薯实物图

（b）　三种不同尺寸等级的种薯颗粒建模

图 4-6　马铃薯种薯实物图及颗粒建模

4.3.3　其他参数设定

（1）接触力学模型建立

马铃薯种薯的表面较光滑、无黏附作用，对该类颗粒一般采用线性粘弹性接触力学模型和赫兹粘弹性力学模型，本书虚拟试验的接触模型选择 Hertz-Mindlin 无滑动模型，其相关计算方法如下。

设法向力 F_n

$$F_n = \frac{4}{3} E^* \times \sqrt{R^* \times \delta_n^{\frac{3}{2}}} \tag{4-6}$$

式中，R^* 为模型颗粒的等效半径；E^* 为等效的杨氏模量；δ_n 为法向重叠量。

阻尼力 $\overline{F}_n^d$ 表示为

$$\bar{F}_{n}^{d} = -2\sqrt{\frac{5}{6}}\beta^{*} \times \sqrt{S_{t}m^{*}}v_{n}^{ret} \tag{4-7}$$

式中，v_{n}^{ret} 为相对速度的法向分量；m^{*} 为等效质量。β^{*}（与恢复系数有关）和 S_{n}（法向刚度）为

$$\beta^{*} = \frac{\ln e}{\sqrt{\ln^{2} e + \pi^{2}}} \tag{4-8}$$

$$S_{n} = 2Y^{*} \times \sqrt{R\delta_{n}} \tag{4-9}$$

式中，e 为恢复系数。

切向重叠量 δ_{t} 和切向刚度 S_{t} 决定了切向力 $\bar{F}_{t}$

$$\bar{F}_{t} = -\bar{S}_{t}\bar{\delta}_{t} \tag{4-10}$$

$$S_{t} = 8G^{*}\sqrt{R^{*}\delta_{n}} \tag{4-11}$$

式中，G^{*} 为等效的切向模量。

切向阻尼力 $\bar{F}_{t}^{d}$ 为

$$\bar{F}_{t}^{d} = -2\sqrt{\frac{5}{6}}\beta^{*} \times \sqrt{S_{t}m^{*}}v_{t}^{ret} \tag{4-12}$$

式中，v_{t}^{ret} 为相对切向速度。

在 EDEM 仿真中，必须考虑滚动摩擦，因为它的影响是非常重要的。滚动摩擦可用在接触面上施加的一个力矩来表征

$$\bar{T}_{i} = -\mu_{r}F_{n}R_{i}\bar{w}_{i} \tag{4-13}$$

式中，R_{i} 为种薯 i 的质心到接触点的距离；μ_{r} 为滚动摩擦系数；$\bar{w}_{i}$ 为种薯 i 在接触点处的单位角速度。

模型建立后仍需要对其他参数进行选取与设定，包括时间步长、种薯的物理性质、种薯与种薯间的力学特性、种薯与壁面之间的力学特性等。

（2）时间步长选取

时间步长（简称时步）的选取对求解至关重要，可在保证数值模拟结果的精度和稳定性的前提条件下选取较大的时间步长，以缩短模拟用时。

两个临界时步值 Δt_{gc} 和 Δt_{pc} 由几何限制和物理限制确定，其中较小的临界时步值决定了模拟采用的计算时步值 Δt，即 $\Delta t = \lambda \min(\Delta t_{gc}, \Delta t_{pc})$。式中，$\lambda$ 是保险系数，系统中研究对象的最大刚度 k_{max} 和最小质量 m_{min} 决定临界时步值 Δt，即 $\Delta t = \lambda\sqrt{\dfrac{m_{min}}{k_{max}}}$。保险系数 λ 的取值为 0.1 和 0.2，由此可知，时步值与刚度系数成

反比，刚度系数 k 越大，时步值越小。

每次碰撞过程的接触时间由接触刚度决定，接触时间随着接触刚度的增大而迅速减小。设置时间步长为固定值 4.2×10^{-6} s，总时间为 10s（前 2s 为充种过程时间），从排种器的充种壳体内的实际情况出发，设置 EDEM 颗粒工厂以 100 个/s 的速率生成初速度为 0m/s 的马铃薯种薯模型，总量为 1000 粒，生成种薯的总时间为 10s，保证充种区内有足够的种薯模型可进行仿真。

根据第 2 章马铃薯种薯物料特性测定结果来设定材料的接触参数，仿真过程中涉及的材料的接触参数如表 4-2 所示。

表 4-2　材料的接触参数

接 触 形 式	恢 复 系 数	静摩擦系数	动摩擦系数
种薯–种薯	0.30	0.50	0.01
种薯–排种带	0.40	0.40	0.01
种薯–取种凹勺	0.35	0.30	0.01
种薯–充种箱体	0.30	0.35	0.01

4.4　EDEM 虚拟充种运移过程仿真

在前期离散元 EDEM 软件相关仿真环境参数设定的基础上，进行虚拟充种运移仿真，模拟排种器的实际充种运移过程，分析其发生两粒及两粒以上充种或未充种现象的主要原因。为便于对充种性能的相关指标进行计算，可于每次模拟后在取种凹勺处设置网格单元体。EDEM 排种仿真模拟图如图 4-7 所示，种薯运动速度的变化用颗粒的不同颜色来表示，对种薯的运动轨迹及速度进行分析即可得到其颗粒的运动状态[110~111]。

将排种器后侧的导种室设置为虚隐状态，这样可清晰地观察仿真过程中的充种运移状态。在仿真过程中，用取种凹勺单播（单粒）、重播（两粒及两粒以上）、漏播（无）这三种状态来表示排种器的作业效果。单播状态表示取种凹勺内充入单粒种薯。重播状态表示取种凹勺内充入两粒及两粒以上种薯。在多组虚拟试验中，由于小型尺寸的种薯出现重播现象较严重，因此取种凹勺同时舀取多粒种薯，此时种薯的自身重力、与其他种薯及排种带间的摩擦力、取种凹勺的支持力相平衡。漏播状态表示取种凹勺未能运送取种，在多组虚拟试验中，大型尺寸的种薯出现漏播现象较严重，其原因为种薯无法克服重力、摩擦力、支持力的共同作用，因此使得种薯在取种凹勺处发生滑落。此部分虚拟试验仅仅进行充种运移过程分析，由于 EDEM 软件具有限制，因此无法完全模拟振动清种阶段的现象。

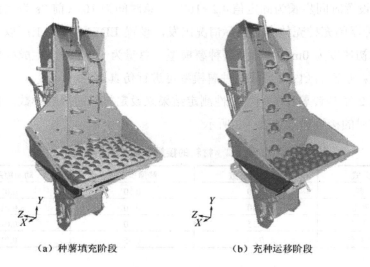

（a）种薯填充阶段　　　　　　　（b）充种运移阶段

图 4-7　EDEM 排种仿真模拟图

4.5　EDEM 单因素虚拟充种运移性能试验

由前期理论分析可知，排种器的工作转速及倾斜角度是直接影响充种运移性能的重要因素，为提高虚拟试验的真实性及准确性，本节选取排种器的工作转速及倾斜角度为试验因素来进行单因素虚拟试验。在试验过程中，通过调节排种带的 moving plane（软件菜单中的名称）运动速度来控制其工作速度，通过调节排种器的倾斜角度来控制取种凹勺的角度。由于 EDEM 软件自身具有限制，因此仅分析排种器充种运移阶段的状态，包括充取单粒种薯、充取两粒及两粒以上种薯、未充取种薯这三种状态。同时参考 GB/T 6242—2006《种植机械　马铃薯种植机　试验方法》和 NY/T 1415—2007《马铃薯种植机质量评价技术规范》，选取马铃薯种薯的充种单粒数量为试验指标。

（1）工作转速对充种运移性能的影响

通过对 EDEM 软件的参数进行设置可调节排种带的 moving plane 运动速度，并分析其对充种运移性能的影响。根据田间作业的实际情况，选取工作转速分别为 10r/min、20r/min、30r/min、40r/min 及 50r/min，其他参数保持恒定。为便于对充种性能的相关指标进行计算，每次模拟后在取种凹勺处设置网格单元体，工作转速对充种运移性能的影响结果如表 4-3 所示。

表 4-3　工作转速对充种运移性能的影响结果

工作转速 / (r/min)	费乌瑞它（小）			尤金 885（中）			东农 312（大）		
	单粒充种 /%	两粒以上 /%	未充种 /%	单粒充种 /%	两粒以上 /%	未充种 /%	单粒充种 /%	两粒以上 /%	未充种 /%
10	70.3	17.2	12.5	72.5	15.0	12.5	71.9	13.0	15.1
20	74.6	15.5	9.9	76.8	13.1	10.1	75.2	11.8	13.0
30	83.5	8.8	7.7	87.5	7.1	5.4	84.6	5.9	9.5
40	87.0	7.5	5.5	90.8	5.0	4.2	87.1	5.7	7.2
50	73.2	11.5	15.3	79.6	10.1	10.3	76.5	10.2	13.3

注：费乌瑞它为小型尺寸种薯，尤金 885 为中型尺寸种薯，东农 312 为大型尺寸种薯。

由表 4-3 可知，当工作转速为 30～40r/min 时，中型尺寸种薯的充种运移性能最优，其单粒充种百分比均大于 87.0%；大型尺寸种薯的充种运移性能次之；小型尺寸种薯的充种运移性能较差，其单粒充种百分比均大于 83.0%。随着工作转速的增大，各等级尺寸种薯的单粒充种百分比呈先增大后减小的趋势。在工作转速相同时，中型尺寸种薯的单粒充种百分比最大，小型尺寸种薯的单粒充种百分比最小。当工作转速为 40r/min 时，中型尺寸种薯的单粒充种百分比为 90.8%，小型尺寸种薯的单粒充种百分比为 87.0%。两粒以上充种百分比随着工作转速的增大先减小后增大；在工作转速相同时，小型尺寸种薯的两粒以上充种百分比最大。未充种百分比随着工作转速的增大先减小后增大；在工作转速相同时，大型尺寸种薯的未充种百分比最大，小型尺寸种薯与中型尺寸种薯的未充种百分比较接近。当工作转速为 40r/min 时，大型尺寸种薯的未充种百分比为 7.2%，小型尺寸种薯的未充种百分比为 5.5%。当工作转速大于 40r/min 时，随着工作转速的增大，三种尺寸等级种薯的未充种百分比均呈增大趋势，且增大速度逐渐加快。

（2）倾斜角度对充种运移性能的影响

通过对 EDEM 软件的参数进行设置可调节排种器的倾斜角度，并分析其对排种质量的影响。根据前期理论分析及常规机具安装角度来设定排种器倾斜角度因素的 5 水平，分别为 60°、65°、70°、75° 及 80°，其他参数保持恒定，为便于对充种运移性能的相关指标进行计算，每次模拟后在取种凹勺处设置网格单元体，倾斜角度对充种运移性能的影响结果如表 4-4 所示。

表 4-4　倾斜角度对充种运移性能的影响结果

倾斜角度/°	费乌瑞它			尤金 885			东农 312		
	单粒充种/%	两粒以上/%	未充种/%	单粒充种/%	两粒以上/%	未充种/%	单粒充种/%	两粒以上/%	未充种/%
60	78.3	12.2	9.5	80.2	10.2	9.6	78.3	12.2	9.5
65	83.5	10.1	6.4	84.1	9.1	6.8	83.5	10.1	6.4
70	88.2	7.6	4.2	89.3	6.7	4.0	88.2	7.6	4.2
75	88.9	6.9	4.2	90.1	5.7	4.2	88.9	6.9	4.2
80	88.5	7.0	4.5	89.5	5.2	5.3	88.5	7.0	4.5

由表 4-4 可知，随着倾斜角度的增大，三个品种种薯的单粒充种百分比先增大后趋于平缓，而两粒以上充种百分比、未充种百分比均先减小后趋于平缓。当倾斜角度在 70°～80° 范围内时，单粒充种百分比较大，且变化趋势平稳。该试验证实了 L.P·帕夫顿等提出的"零速投种"并非要求种子落到地面时的水平分速度为零，种子落下时应该具有一定的垂直速度，但并不代表在 90° 时的播种质量是最好的，而是在 70°～80° 范围内时投种角度最好、种子的平均位移最小这一观点[112]。并且将在后续的台架试验中对 70°～80° 范围内的倾斜角度进行显著性分析。

4.6　马铃薯精量排种器样机试制

通过前期的理论分析及虚拟仿真，对双列交错勺带式马铃薯精量排种器的各关键部件的结构与参数进行了优化设计，将创新设计与理论分析相结合，运用多种技术做到提出方案、理论分析、结构创新、样机试制、试验研究、改进修正的逐步推进。在此基础上，依托机械制造厂家进行了排种器的加工试制，试验样机如图 4-8 所示。

图 4-8　双列交错勺带式马铃薯精量排种器的试验样机

4.7　本章小结

本章以所设计的双列交错勺带式马铃薯精量排种器为研究载体，建立充种舀取过程动力学模型。基于离散元素法建立排种器虚拟模型，运用 EDEM 仿真软件开展虚拟充种运移性能试验，探究工作转速、倾斜角度对排种器的充种运移性能的影响。

试验结果表明，随着工作转速的增大，各等级尺寸种薯的单粒充种百分比呈先增大后减小的趋势。当工作转速为 30～40r/min 时，中型尺寸种薯的充种运移性能最优，其单粒充种百分比均大于 87.0%；大型尺寸种薯的充种运移性能次之；小型尺寸种薯的充种运移性能较差，其单粒充种百分比均大于 83.0%。随着倾斜角度的增大，三个品种种薯的单粒充种百分比先增大后趋于平缓，而两粒以上充种百分比、未充种百分比均先减小后趋于平缓，当倾斜角度在 70°～80° 范围内时，单粒充种百分比较大，且变化趋势平稳。在此基础上进行试验样机的加工试制，为马铃薯精量排种器的优化及后续的台架试验奠定了基础。

第 5 章 基于高速摄像技术的马铃薯精量排种器投种性能分析与试验

　　运移投种环节作为排种器的最终作业阶段，可将马铃薯种薯稳定地投送至开沟器所开的土壤种沟内，减少种薯与排种系统间存在的滑移现象，避免种薯与开沟器壁间发生碰撞异位，同时可有效地降低投种点的高度，抵消与播种机具间的相对速度，减小种薯落入种沟内的瞬时速度，提高播种作业的均匀性和直线度，达到田间作业的理想播种指标。

　　近些年高速摄像技术广泛地应用在农业工程领域，该技术为马铃薯种薯导投运移规律的研究提供了良好的平台与方法。王在满等人[113]利用高速摄像技术拍摄了型孔轮式排种器的充种和排种过程，通过对排种器内部的种子流动规律和排种轨迹进行分析，来改进排种器的结构参数。Karayel D 等人[114]利用高速摄像系统拍摄种子下落时的位置关系，进而推算其株距信息。本章将以优化设计的马铃薯精量排种器导种系统为研究载体，重点探究马铃薯种薯的投送运移机理，分析影响投送运移轨迹的主要因素。在此基础上，结合高速摄像技术对种薯投送运移轨迹进行测定分析，归纳投送落种轨迹分布，研究种薯投种轨迹的规律，为马铃薯精量排种器导种系统及配套开沟器的优化设计奠定理论基础。

5.1 马铃薯种薯导种投送运移机理研究

　　在作业过程中，排种器的主动带轮与从动带轮同步转动，单粒种薯由导种口进入导种室，随排种带整体进行逆时针旋转运移，种薯被平稳地运送至投种点处进行反向投种抛送，减小了与机具间的相对速度，实现对种薯的运移作业。种薯被排种带投送，并在自身重力及开沟系统的作用下落在种床的土壤表面，通过柔性投送实现零速投种。对投种过程中的种薯进行运动学分析，种薯在排种带的传送下进行转速为 n 的旋转运动，同时随播种机具进行前进速度为 v_0 的匀速运动。

在下落过程中，种薯在惯性作用下沿取种凹勺的运动轨迹进行运动，同时因受到垂直向下的重力的作用而进行自由落体运动，种薯的绝对运动轨迹为抛物线[115~118]，平稳投种过程分析如图 5-1 所示。

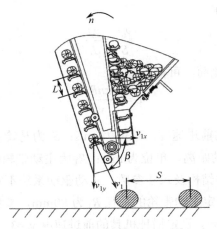

图 5-1　平稳投种过程分析

忽略空气阻力的影响，对投种点处的种薯临界位置进行速度分析，种薯相对于排种器的初速度为 $v_1 = 2\pi R_1 n$，其方向与水平面的夹角为 β。速度分析为

$$\begin{cases} v_{1x} = v_1 \cos \beta \\ v_{1y} = v_1 \sin \beta \end{cases} \tag{5-1}$$

在重力作用下，种薯的运动轨迹为

$$\begin{cases} x = v_{1x}t \\ y = v_{1y}t + \dfrac{1}{2}gt^2 \end{cases} \tag{5-2}$$

将式（5-1）代入式（5-2），可得种薯的绝对运动轨迹为

$$\begin{cases} x = 2\pi R_1 nt \cos \beta \\ y = 2\pi R_1 nt \sin \beta + \dfrac{1}{2}gt^2 \end{cases} \tag{5-3}$$

式中，x 为正面水平方向位移，单位为 mm；y 为侧面水平方向位移，单位为 mm；g 为重力加速度，单位为 m/s^2；β 为种薯投送速度与水平面的夹角，单位为°；t 为种薯投送运动时间，单位为 s；v_1 为投送初始速度，单位为 m/s；v_{1x} 为投种初始速度的水平方向分量，单位为 m/s；v_{1y} 为投种初始速度的垂直方向分量，单位为 m/s；n 为主动带轮的工作转速，单位为 r/min。

在马铃薯精量播种作业过程中，排种器排出的单粒种薯流必须使其变成定粒点播或均匀点条播。对于带式导种装置而言，其排种带周期性地旋转，种薯投入种沟的时间与输送机构的类型有关。单位时间内排种带转过取种凹勺的数量应等于所投种薯的数量，即

$$\frac{v_0 t}{S} = \frac{v_1 t}{L} \tag{5-4}$$

将式（5-4）整理化简，可得

$$L = \frac{2\pi n R_1 S}{v_0} \tag{5-5}$$

式中，v_0 为播种机具的前进速度，单位为 m/s；S 为马铃薯的种植株距，单位为 mm；L 为取种凹勺间的距离，单位为 mm；R_1 为主动带轮的半径，单位为 mm。

根据排种器的整体结构及尺寸参数，主动驱动系统不宜过大，同时不可将种薯抛甩离取种凹勺，设定主动带轮的半径 R_1 为 80mm，参考东北地区马铃薯种植株距，取 S=200～300mm，设定播种机具的前进速度 v_0=3～6km/h，排种器的主动带轮的工作转速 n=20～50r/min，将上述参数代入式（5-5），通过计算，综合考虑可取取种凹勺间的距离 L=70mm。

综合考虑落地前相邻取种凹勺的干扰作用，当种薯运动至投种点处时，种薯在重力及离心力的共同作用下离开取种凹勺。为满足零速投种要求，选取种薯相对排种带的投送方向为水平方向，设定排种带移动相邻取种凹勺间距所需的时间为 t_0，则

$$t_0 = \frac{L}{v_0} \tag{5-6}$$

在时间 t_0 内，种薯相对排种器下落的位移为

$$b = v_0 t_0 \sin\beta + \frac{1}{2} g t_0^2 \tag{5-7}$$

将式（5-5）、式（5-6）和式（5-7）合并整理，可得

$$b = L\sin\beta + \frac{L^4 g}{8\pi^2 n^2 R_1^2 S^2} \tag{5-8}$$

式中，b 为种薯下落的位移，单位为 mm；β 为种薯投送速度与水平面间的夹角，单位为°；t_0 为排种带移动相邻取种凹勺间距所用的时间，单位为 s。

由于种薯相对排种带的速度为零，故 β=0°[119]，将各参数代入式（5-8）可得 b=97.1mm，即在时间 t_0 内当下一个取种凹勺运动到投种点处时，种薯相对排种器

的垂直方向已经运动了 97.1mm，未对种薯的正常投落造成干扰。

通过对投种运移过程进行动力学与运动学分析可知，当排种器导种系统的整体结构一定时，种薯的运移投送稳定性与落种轨迹主要与排种器的工作转速及种薯脱落排种带的时间等因素有关，这些因素影响播种的精准性与均匀性。因此在后续试验阶段，将通过试验研究导种系统的运移精准性及均匀性，并结合高速摄像技术与图像目标追踪技术对种薯投送落种轨迹分布进行测定提取，为排种器配套的开沟器的优化设计提供理论参考与数据基础。

5.2 基于高速摄像技术的投种轨迹测定试验研究

5.2.1 投种性能试验台搭建

高速摄像技术是指用高速摄像设备拍摄机构运转过程的视频及图像，利用辅助分析软件与计算机相连，并对拍摄的视频及图像进行后处理，对指定位置的参数进行分析。随着科技的进步，计算机处理能力逐步提高，存储容量相应增大，高速摄像技术取得了突飞猛进的进步。近些年国内学者对各种类型排种器的投种过程进行了研究。任文涛等人[120]利用高速摄像技术在斜面模型中分析了稻种与斜面碰撞后的运动轨迹，该研究没有用于排种器中稻种的下落过程。刘文忠等人[121]对气吸式排种器的排种性能进行了理论分析，建立了种子运动方程。余佳佳等人[122]采用高速摄像技术分析了气力式油菜排种器的投种轨迹，利用目标追踪技术提取连续帧图像中油菜籽的坐标位置，从而获得了运动轨迹曲线。在前述国内学者研究的基础上，本节采用高速摄像技术对马铃薯种薯的投种过程进行拍摄，分析归纳马铃薯种薯的投种轨迹，并得到轨迹的分布规律，为优化马铃薯精量排种器的关键部件与田间作业提供参考。

为合理准确地测定、分析马铃薯种薯的投种轨迹，本节自主搭建投种性能试验台，在完成排种性能分析的同时，可进行运动学高速摄像参数测定试验。马铃薯投种性能试验台如图 5-2 所示，主要由排种变频控制器、移动土槽、安装台架、驱动电动机、马铃薯精量排种器、土槽变频控制器等部件搭建而成。在试验过程中，排种器固定安装在台架上，驱动电动机驱动移动土槽相对马铃薯精量排种器进行反向运动，模拟播种机具的实际运动状态，马铃薯种薯从投种口排出，落在移动土槽中，通过人工测试完成对各项排种性能指标的测定，同时通过高速摄像机对不同工况条件下的马铃薯投种轨迹进行测定。

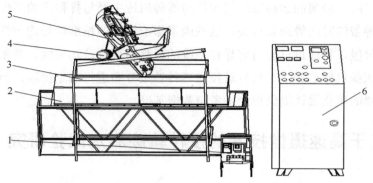

1—排种变频控制器；2—移动土槽；3—安装台架；4—驱动电动机；

5—马铃薯精量排种器；6—土槽变频控制器

图 5-2　马铃薯投种性能试验台

5.2.2　试验材料与条件

试验材料为在黑龙江省广泛种植的"尤金 885"马铃薯品种种薯，经人工分级清选处理，保证供试种薯形状均匀、无损伤、无虫害，测定其平均质量为 49.3g，平均几何尺寸为长 51.67mm、宽 46.21mm、厚 41.09mm（对 200 颗种薯进行测量并取平均值）。试验地点为东北农业大学农业机械实验室，试验装置主要由投种轨迹测定试验台、Phantom V9.1 高速摄像机（美国 Vision Research 公司，采用 Nikon 镜头，图像处理程序为 Phantom 控制软件）、双列交错勺带式马铃薯精量排种器、PC 高速计算机（美国惠普公司）、空间网格面板等搭建而成，如图 5-3 所示。

（1）高速摄像机

本试验采用美国 Vision Research 公司生产的百万像素高速摄像机，10 位分辨率为 1024 像素×1024 像素，采用 SR-CMOS 传感器，每秒可拍摄 1200 幅图像，最高可达 95 000 幅/s，具有极高的图像质量、分辨率及优越的灵敏度，黑白灵敏度为 4800 ISO/ASA，彩色灵敏度为 1200 ISO/ASA，如图 5-3（a）所示。

（2）高速摄像照明灯

由于高速摄像机的曝光时间较短，在普通日光灯和自然光下采集的图像较暗，无法进行后期图像的识别和处理，因此需采用特殊光源进行照明来获得清晰的图像，可选用高速摄像照明灯（新闻灯）采集图像，如图 5-3（b）所示。由于传统的碘钨灯寿命短、安全性能差、不能长时间连续工作，因此在摄像过程中需适当停用。

（3）PC 高速计算机

为完成机构运动过程中图像的实时采集，并对图像进行处理，计算机应有较高的配置。本次试验中，计算机的 CPU 采用 Intel(R) Core(TM) i5-2410M，二级缓存为 4MB，安装内存 RAM 2GB，硬盘容量为 240GB，系统的配置能够满足图像采集和处理工作的需求，具有较快的数据处理速度，如图 5-3（c）所示。

（4）投种轨迹测定试验台

投种轨迹测定试验台的整体配置如图 5-3（d）所示，在投种作业过程中，排种器固定安装在台架上，通过驱动变频系统来控制排种器的工作转速，马铃薯种薯从排种口落至移动土槽的土壤表面，通过摄像处理装置进行实时检测并采集数据，以测定不同工况条件下的投种轨迹。为防止拍摄角度对种薯轨迹位移数据的采集产生影响，可将高速摄像机固定于水平位置。为得到种薯投送过程中的实际位移变化，应保证各组试验中的高速摄像机与种薯运动平面的垂直距离一致，在种薯运动平面内放置丁字尺作为标定，同时在空间网格面板上粘贴单位刻度为5mm 的坐标网格纸，以便高速摄像机对种薯投送位移数据进行测定，提高了试验测量的精确度。

（a）高速摄像机　　　　（b）高速摄像照明灯　　　　（c）PC 高速计算机

（d）投种轨迹测定试验台

图 5-3　高速摄像投种性能试验布置图

5.2.3 试验轨迹处理与分析

由前面的理论分析及实际田间作业状态可知，排种器的工作转速是影响投种作业状态的主要因素，本节将通过控制排种器的工作转速使之在 20～60r/min 范围内进行作业，采集其在不同工况下的投种轨迹，并分析投种运动规律。试验时，高速摄像机正对空间网格面板摆放，对空间网格面板内的马铃薯种薯的位移数据进行测定，观察并分析马铃薯种薯的投送轨迹特性，每组试验重复 3 次，对 50 颗马铃薯种薯的下落位移进行统计。

在轨迹测定过程中，设定高速摄像机的拍摄帧率为 1000 帧/s，采集域为 512mm×512mm，曝光时长为 990μs，调整排种器的工作转速为指定值并进行试验，通过高速摄像机将所采集的种薯的运动轨迹图像实时存储于 PC 高速计算机内，在试验结束后保存为.cin 格式的视频文件。利用 Phantom 控制软件的主系统窗口对视频文件进行图像目标追踪，并提取不同帧图像中马铃薯种薯的质心点坐标，绘制出各工作条件下种薯的投送轨迹。由于两帧图像间的过渡时间较短，在对种薯的质心点坐标进行处理时存在一定误差，因此应调大图像间距，减小数据采集的误差。不同工作转速条件下的投种轨迹状态（20r/min、60r/min 的情况未在此处注出）如图 5-4 所示。

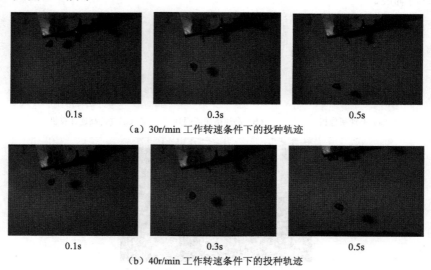

　　0.1s　　　　　　　　　0.3s　　　　　　　　　0.5s
（a）30r/min 工作转速条件下的投种轨迹

　　0.1s　　　　　　　　　0.3s　　　　　　　　　0.5s
（b）40r/min 工作转速条件下的投种轨迹

图 5-4　不同工作转速条件下的投种轨迹状态

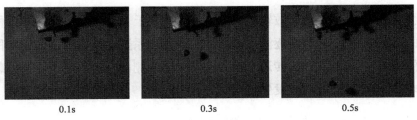

0.1s　　　　　　　　0.3s　　　　　　　　0.5s

（c）50r/min 工作转速条件下的投种轨迹

图 5-4　不同工作转速条件下的投种轨迹状态（续）

为准确记录种薯在三维空间中的位移变化，在空间网格参照平面内以排种带的投种初始点 O 为坐标原点，在正面建立直角坐标系 XOZ，在空间网格面板中记录种薯对应的坐标值为（X,Z）。利用 Phantom 控制软件的 Angle measurements 命令在空间网格参照平面内选取曲线的坐标原点 O 及水平坐标轴 X，测定投种轨迹曲线的斜率，此参数是开沟器改进设计的重要依据。由于马铃薯种薯具有一定的几何尺寸，在测定种薯的质心点坐标时，应以离种薯中心点最近的网格线为标定基准。在此基础上，将马铃薯种薯的质心点坐标的 X 值、Z 值导入 Excel 软件，画出在排种器不同工作转速下的投种轨迹[123]，如图 5-5 所示。

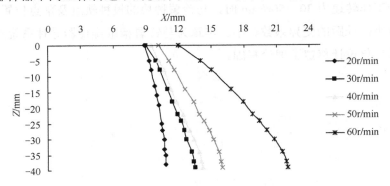

图 5-5　在排种器不同工作转速下的投种轨迹

由图 5-5 可知，当工作转速为 20～60r/min 时，马铃薯种薯投种轨迹的水平位移量整体稳定在 9.2～21.5mm 范围内，且各组试验中取种凹勺与排种带间均未发生相互滑移的现象。分析可知，工作转速对投种轨迹具有显著影响，各投种轨迹曲线均为正态分布。随着工作转速的增大，排种带及马铃薯种薯线速度的水平分量逐渐增大，种薯抛物线轨迹的开口变大，其正面水平位移与侧面水平位移随之增大。当工作转速为 30～50r/min 时，马铃薯种薯的投种轨迹及落点位置较集中，波动性较小，株距的变异系数较小。当工作转速大于 50r/min 时，马铃薯种薯的投种轨迹及落点位置的分布逐渐离散，株距的变异系数明显增大，造成此种现象的主要原因可能是随着工作转速的增大，排种器的侧向振动增大，导致种薯在惯性的作用下与排种器的壳体发生轻微碰撞。

5.3   本章小结

本章探究了马铃薯种薯的投送运移机理，对投种运移过程进行了动力学分析，研究了影响投种轨迹的主要因素。在此基础上，自主搭建了马铃薯精量排种器投种性能试验台，并结合高速摄像技术与图像目标跟踪技术开展投种试验，测定分析了种薯的投种轨迹，并得到了其分布规律。

试验结果表明，当工作转速为 20～60r/min 时，马铃薯种薯投种轨迹的水平位移整体稳定在 9.2～21.5mm 范围内，且各组试验中取种凹勺与排种带间均未发生相互滑移的现象。随着工作转速的增大，排种带及马铃薯种薯线速度的水平分量逐渐增大，种薯抛物线轨迹的开口变大，其正面水平位移与侧面水平位移随之增大。当工作转速为 30～50r/min 时，马铃薯种薯的投种轨迹及落点位置较集中，波动性较小，株距的变异系数较小。本章为马铃薯精量排种器导种系统及配套的开沟器的优化设计奠定了理论基础。

第6章 马铃薯精量排种器台架性能试验

双列交错勺带式马铃薯精量排种器是马铃薯精量播种机的核心工作部件,排种器的工作性能直接影响马铃薯精量播种机的播种精度及质量。通过前面的对马铃薯精量排种器关键部件的优化设计与理论分析、基于离散元素法的充种运移过程仿真、虚拟充种运移性能试验及基于高速摄像技术的投种性能分析,本书确定了排种器的关键结构参数并进行样机试制。在排种器的研发过程中,样机试验是一个非常重要的环节,单纯的理论分析并不能全面地揭示各参数对排种器工作性能的影响,因此结合台架性能试验对各关键结构及工作参数进行研究是十分必要的[124]。

通过对双列交错勺带式马铃薯精量排种器进行研究与分析,可得知排种器的倾斜角度、工作转速及振动幅度是影响排种器的排种性能的主要因素。在此基础上,本章利用自制的马铃薯精量排种器性能试验台进行台架性能试验,以马铃薯种薯间距合格指数(简称合格指数)、重播指数、漏播指数为性能指标,探究排种器的倾斜角度、工作转速及振动幅度之间相互影响的规律。根据马铃薯的播种农艺要求,参考 GB/T 6242—2006《种植机械 马铃薯种植机 试验方法》和 NY/T 1415—2007《马铃薯种植机质量评价技术规范》分别进行了单因素试验及多因素试验,确定了马铃薯精量排种器的工作参数的合理范围,为马铃薯精量播种装置的结构参数优化设计提供理论参考及数据支持。

6.1 试验材料与设备

6.1.1 试验材料

选取东北农业大学马铃薯研究所提供的尤金 885 马铃薯种薯作为试验样品。该种薯为刚收获的新鲜种薯,需要经过人工分级清选处理,确保种薯形状均匀、无损失,保证单块质量在 40~50g 范围内。

6.1.2 试验设备

试验地点为东北农业大学排种性能实验室,利用自制的马铃薯排种器性能试验台进行室内台架性能试验研究。该装置主要由双列交错勺带式马铃薯精量排种器、驱动电机、台架、移动土槽、排种变频控制器、土槽变频控制器及倾角调节装置等组成，如图 6-1 所示。

1—双列交错勺带式马铃薯精量排种器；2—驱动电机；3—台架；4—移动土槽；5—排种变频控制器；
6—土槽变频控制器；7—倾角调节装置

图 6-1　马铃薯排种器性能试验台

试验前先对移动土槽中的土壤进行预处理，土壤选择肥沃、土层深厚、疏松、透气性好的沙壤土，移动土槽中土壤的厚度为 40cm，移动土槽长 20m，将板结的土壤硬块打散、压平。利用土壤硬度计、土壤水分速测仪对土壤的坚实度及含水率进行测定，使其达到马铃薯田间播种农艺要求（土壤坚实度为 0.58～1.4MPa，土壤含水率为 12～15%），测定过程如图 6-2 所示。

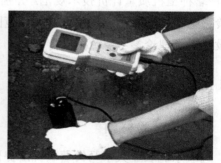

（a）坚实度测定　　　　　　　　　　（b）含水率测定

图 6-2　对土壤的坚实度及含水率进行测定

在试验过程中，排种器固定安装在台架上，移动土槽相对排种器运动，模拟田间播种机具的实际运动状态。在驱动电机的驱动下，移动土槽相对排种器反向运动，马铃薯种薯从投种口排出并落在移动土槽中土壤的表面，通过人工测量种薯间距来完成对各项排种性能指标的测定。

为完成试验中相关数据的测定，使用的测量设备包括卷尺（量程 3m、精度 1mm）、刚性直尺（量程 30cm、精度 1mm）、数码相机等。主要设备和仪器如表 6-1 所示。

表 6-1　主要设备和仪器

设 备 名 称	型　　号	厂　　家
三相异步电动机	Y2—80M2—4	浙江安重防爆电机有限公司
松下变频器	BFV00072G	合肥承业自动化科技有限公司
数字式光电转速表	DT2234B	广州市速为电子科技公司
土壤硬度计	SL—TYA	郑州南北仪器设备有限公司
土壤水分速测仪	LBT—SD	郑州雷伯特电子科技有限公司

6.1.3　因素及性能指标确定

为满足马铃薯播种的实际作业要求，确定影响双列交错勺带式马铃薯精量排种器的排种性能的各个因素的取值范围如下：排种器的工作转速为 20~60r/min，排种带的振动幅度为 0~20mm，排种器的倾斜角度为 75°~79°。为有效地评价排种器的排种性能，选取合格指数、重播指数、漏播指数为试验的性能指标，通过种薯间距的测量和计算来获得三项性能指标的数值。试验参照 GB/T 6242—2006《种植机械 马铃薯种植机 试验方法》进行马铃薯排种器的性能试验，每次测量 100 个种薯间距，理论种薯间距为 200mm。

在台架性能试验中，每种工况下分别测量 100 个种薯间距作为统计样本，每种工况重复 5 次试验，最终对 5 组种薯间距数据取平均值，得到合格指数、重播指数和漏播指数，试验过程如图 6-3 所示。

（a）试验台　　　　　　　　（b）充种过程

图 6-3　试验过程

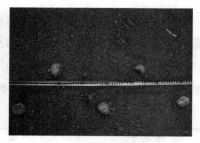

<table>
<tr><td>（c）播种情况</td><td>（d）种薯间距测量</td></tr>
</table>

图 6-3　试验过程（续）

根据马铃薯的播种农艺要求，参考国家标准 GB/T 6242—2006《种植机械 马铃薯种植机 试验方法》和 NY/T 1415—2007《马铃薯种植机质量评价技术规范》，对马铃薯排种器的性能进行评价。试验选取合格指数、重播指数和漏播指数为性能指标，其计算方法如下。

（1）区段划分

将所取的相邻的 250 个粒距样本划分为 $0.1X_r$ 区段，X_r 为理论粒距。

（2）计算区段变量

每个区段变量定义为

$$X_i = \frac{x_i}{X_r} \tag{6-1}$$

式中，x_i 为区段的中值。

（3）区间划分

将所有粒距样本划分为以下区间，并对各区间中的 x_i 的总数进行统计。区间定义为

$$n_1' = \sum n_i \quad (X_i \in \{0 \sim 0.5\}) \tag{6-2}$$

$$n_2' = \sum n_i \quad (X_i \in \{0.5 \sim 1.5\}) \tag{6-3}$$

$$n_3' = \sum n_i \quad (X_i \in \{1.5 \sim 2.5\}) \tag{6-4}$$

$$n_4' = \sum n_i \quad (X_i \in \{2.5 \sim 3.5\}) \tag{6-5}$$

$$n_5' = \sum n_i \quad (X_i \in \{3.5 \sim +\infty\}) \tag{6-6}$$

粒距总数为

$$N = n_1' + n_2' + n_3' + n_4' + n_5' \tag{6-7}$$

确定以下概念。

重种：理论上应该种植一个种薯的地方实际上种植了两个或多个种薯。在统计计算时，凡种薯间距小于或等于 0.5 倍理论间距的，均称为重种。

漏种：理论上应该种植一个种薯的地方实际上没有种薯。在统计计算时，凡种薯间距大于 1.5 倍理论间距的，均称为漏种。

合格数：
$$n_1 = N - 2n_2 \qquad (6\text{-}8)$$

重种数：
$$n_2 = n_1' \qquad (6\text{-}9)$$

漏种数：
$$n_0 = n_3' + 2n_4' + 3n_5' \qquad (6\text{-}10)$$

区间数：
$$N' = n_2' + 2n_3' + 3n_4' + 4n_5' \qquad (6\text{-}11)$$

（4）性能指标

合格指数：
$$A = \frac{n_1}{N'} \times 100\% \qquad (6\text{-}12)$$

重播指数：
$$D = \frac{n_2}{N'} \times 100\% \qquad (6\text{-}13)$$

漏播指数：
$$M = \frac{n_0}{N'} \times 100\% \qquad (6\text{-}14)$$

6.2　排种性能试验

为分析双列交错勺带式马铃薯精量排种器的排种性能，以排种器的倾斜角度、工作转速、振动幅度为试验因素，以合格指数、重播指数、漏播指数为性能指标进行单因素试验和多因素试验。在试验过程中，通过倾角调节装置来控制排种器的倾斜角度，通过排种变频控制器来控制排种器的工作转速，通过调节清种装置振动凸轮与排种带的接合状态来控制振动幅度。通过对模型进行优化，可得出满足试验性能指标的最佳参数组合，并对最佳参数组合进行试验验证，验证最佳组合下的性能指标是否满足设计及播种农艺要求。

6.2.1　单因素试验

1. 排种器的倾斜角度对各指标的影响

（1）倾斜角度对合格指数的影响

根据前面的理论分析可知，在种薯间距一定的情况下，排种器的工作转速与移动土槽的前进速度是成比例的，并由种薯间距确定。如式（6-15）和式（6-16）

所示，移动土槽经过一个种薯间距 S 的时间与排种带移动取种凹勺间距 L 所用的时间是相等的。通过公式可计算出排种器的工作转速与移动土槽的前进速度之间的关系，即在试验实施过程中每调节一次排种器的工作转速，移动土槽的前进速度也随之被调节，以保证理论种薯间距为 200mm。

$$\frac{v_0 t}{S} = \frac{v_1 t}{L} \tag{6-15}$$

$$v_1 = 2\pi n R_1 \tag{6-16}$$

式中，v_0 为移动土槽的前进速度，单位为 m/s；S 为马铃薯的种薯间距，单位为 mm；L 为取种凹勺间距，单位为 mm；n 为主动带轮的转速，单位为 r/min；R_1 为主动带轮的半径，单位为 mm；v_1 为排种带的运动速度，单位为 m/s。

整理式（6-15）和式（6-16），得排种器的工作转速与移动土槽的前进速度的关系为

$$n = \frac{v_0 L}{2\pi R_1 S} \tag{6-17}$$

在排种器的工作转速为 35r/min 和排种带的振动幅度为 10mm 的工况条件下，研究倾斜角度对合格指数的影响规律。在试验过程中，取倾斜角度为 75°、77° 和 79°，在各倾斜角度下重复 5 次试验，对所测得的种薯间距进行统计计算，得到 15 个合格指数，如表 6-2 所示。

表 6-2 不同倾斜角度下的合格指数

倾斜角度 α /°	合格指数/%				
	1	2	3	4	5
75	84.3	83.4	85.6	85.2	84.5
77	86.2	88.2	86.4	85.8	84.3
79	84.7	85.6	86.2	85.6	86.1

应用 Design Expert 8.0.6 软件进行数据处理，得出倾斜角度对合格指数影响的关系曲线图，如图 6-4（a）所示，倾斜角度对合格指数方差分析结果如表 6-3 所示。

通过 Design Expert 8.0.6 拟合出倾斜角度对合格指数影响的关系曲线，如图 6-4（b）所示。由图中的关系曲线可看出，当倾斜角度在 75°～79° 范围内变化时，合格指数主要集中在 84.3%～86.2% 范围内，变化范围不大，同时由表 6-3 可知，合格指数回归模型不显著，说明倾斜角度对合格指数的影响不显著。

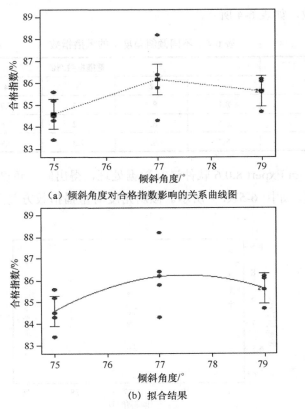

（a）倾斜角度对合格指数影响的关系曲线图

（b）拟合结果

图 6-4　倾斜角度对合格指数的影响

表 6-3　倾斜角度对合格指数方差分析结果

来　源	平 方 和	自 由 度	F 值	显 著 性
回归模型	6.45	2	3.19	0.0773
因子 α	2.70	1	2.68	0.1277
因子 α^2	3.75	1	3.71	0.0782
误差	12.12	12	—	—
总和	18.57	14	—	—

（2）倾斜角度对重播指数的影响

在排种器的工作转速为 35r/min 和排种带的振动幅度为 10mm 的工况条件下，研究倾斜角度对重播指数的影响规律。在试验过程中，取倾斜角度为 75°、77° 和 79°，在各倾斜角度下重复 5 次试验，对所测得的种薯间距进行统计计算，得到

15 个重播指数，如表 6-4 所示。

表 6-4　不同倾斜角度下的重播指数

倾斜角度 α /°	重播指数/%				
	1	2	3	4	5
75	8.1	8.4	7.4	7.7	8.1
77	6.5	6.5	7.2	7.6	7.2
79	8.2	6.4	7.3	6.9	6.9

应用 Design Expert 8.0.6 软件进行数据处理，得出倾斜角度对重播指数影响的关系曲线图，如图 6-5（a）所示。倾斜角度对重播指数方差分析结果如表 6-5 所示。

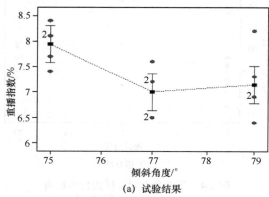

（a）试验结果

（a）倾斜角度对重播指数影响的关系曲线图

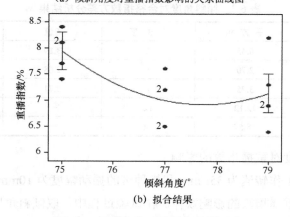

（b）拟合结果

图 6-5　倾斜角度对重播指数的影响

表 6-5　倾斜角度对重播指数方差分析结果

来　　源	平　方　和	自　由　度	F 值	显　著　性
回归模型	2.57	2	4.59	0.0331
因子 α	1.60	1	5.71	0.0342
因子 α^2	0.97	1	3.47	0.0873
误差	3.36	12		
总和	5.94	14		

通过 Design Expert 8.0.6 软件拟合出倾斜角度对重播指数影响的关系曲线，如图 6-5（b）所示。由表 6-5 可知，重播指数回归模型显著，由图 6-5 中的关系曲线可看出，当倾斜角度在 75°～79° 范围内变化时，重播指数主要集中在 7%～9% 范围内，变化范围不大，说明倾斜角度对重播指数的影响不显著。

（3）倾斜角度对漏播指数的影响

在排种器的工作转速为 35r/min 和排种带的振动幅度为 10mm 的工况条件下，研究倾斜角度对漏播指数的影响规律。在试验过程中，取倾斜角度为 75°、77° 和 79°，在各倾斜角度下重复 5 次试验，对所测得的种薯间距进行统计计算，得到 15 个漏播指数，如表 6-6 所示。

表 6-6　不同倾斜角度下的漏播指数

倾斜角度 α /°	漏播指数/%				
	1	2	3	4	5
75	7.6	8.2	7.0	7.1	7.4
77	7.3	5.3	6.4	5.6	8.5
79	7.1	8.0	6.5	7.5	7.0

应用 Design Expert 8.0.6 软件进行数据处理，得到倾斜角度对漏播指数影响的关系曲线图，如图 6-6（a）所示，倾斜角度对漏播指数方差分析结果如表 6-7 所示。

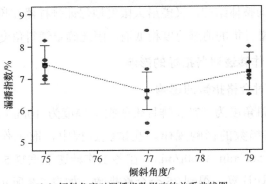

（a）倾斜角度对漏播指数影响的关系曲线图

图 6-6　倾斜角度对漏播指数的影响

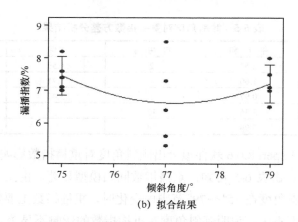

（b）拟合结果

图 6-6　倾斜角度对漏播指数的影响（续）

表 6-7　倾斜角度对漏播指数方差分析结果

来　源	平 方 和	自 由 度	F 值	显 著 性
回归模型	1.87	2	1.25	0.3221
因子 α	0.14	1	0.19	0.6692
因子 α^2	1.73	1	2.30	0.1551
误差	9.01	12	—	—
总和	10.88	14	—	—

通过 Design Expert 8.0.6 软件拟合出倾斜角度对漏播指数影响的关系曲线，如图 6-6（b）所示。由图 6-6 可看出，当倾斜角度在 75°～79° 范围内变化时，漏播指数主要集中在 6.5%～8.2% 范围内，变化范围不大。由表 6-7 可知，漏播指数回归模型不显著，说明倾斜角度对漏播指数的影响不显著。

由上述分析可知，倾斜角度对合格指数、重播指数、漏播指数的影响不显著，为了既考虑播种机的整体结构，又能最大限度地保证排种器在投种时具有一定的水平分速度，从而与播种机的前进速度相抵消，因此确定倾斜角度为 77°。

2. 排种器的工作转速对各指标的影响

（1）工作转速对合格指数的影响

在排种器的倾斜角度为 77° 和排种带的振动幅度为 10mm 的工况条件下，研究工作转速对合格指数的影响规律。在试验过程中，取工作转速为 20r/min、30r/min、40r/min、50r/min 和 60r/min，在各工作转速下重复 5 次试验，对所测得的种薯间距进行统计计算，得到 25 个合格指数，如表 6-8 所示。

表 6-8　不同工作转速下的合格指数

工作转速 n/(r/min)	合格指数/%				
	1	2	3	4	5
20	60.3	62.4	63.6	61.5	62.6
30	69.5	70.7	75.6	74.3	73.2
40	85.7	84.3	87.8	86.2	85.5
50	70.2	72.3	74.3	73.3	74.7
60	70.1	68.2	65.5	64.3	62.4

应用 Design Expert 8.0.6 软件进行数据处理，得出工作转速对合格指数影响的关系曲线图，如图 6-7（a）所示。拟合出工作转速对合格指数影响的回归方程，从而获得在设定试验参数范围之外的工作转速的合格指数。工作转速对合格指数方差分析结果如表 6-9 所示，合格指数回归模型极显著，说明该回归方程有意义。

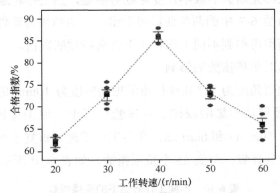

（a）工作转速对合格指数影响的关系曲线图

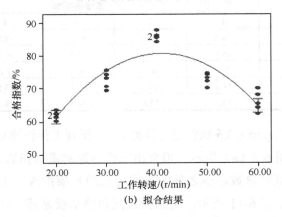

（b）拟合结果

图 6-7　工作转速对合格指数的影响

表 6-9　工作转速对合格指数方差分析结果

来　源	平 方 和	自 由 度	F 值	显 著 性
回归模型	1366.32	2	41.60	< 0.0001
因子 n	34.78	1	2.12	< 0.0001
因子 n^2	1331.54	1	81.08	< 0.0001
误差	88.79	20	—	—
总和	1727.62	24	—	—

工作转速对合格指数影响的回归模型为

$$y = 7.544 + 3.573n - 0.044n^2 \tag{6-18}$$

通过 Design Expert 8.0.6 软件拟合出工作转速对合格指数影响的关系曲线，如图 6-7（b）所示。由图可知，当工作转速在 20～60r/min 范围内时，合格指数随着工作转速的增大而先增大后减小，变化趋势明显，当工作转速为 40r/min 时，合格指数最大。由图 6-7 中的两条曲线可看出，试验结果与软件拟合结果的规律一致，通过回归模型可得到不同工作转速下合格指数的数值。

（2）工作转速对重播指数的影响

在排种器的倾斜角度为 77° 和排种带的振动幅度为 10mm 的工况条件下，研究工作转速对重播指数的影响规律。在试验过程中，取工作转速为 20r/min、30r/min、40r/min、50r/min 和 60r/min，在各工作转速下重复 5 次试验，对所测得的种薯间距进行统计计算，得到 25 个重播指数，如表 6-10 所示。

表 6-10　不同工作转速下的重播指数

工作转速 n/(r/min)	重播指数/%				
	1	2	3	4	5
20	19.8	17.2	14.6	18.8	19.2
30	15.8	16.4	15.7	16.4	17.2
40	7.5	8.1	6.8	7.2	6.5
50	11.2	10.5	12.5	13.5	11.7
60	13.7	12.8	14.3	14.2	13.5

应用 Design Expert 8.0.6 软件进行数据处理，得到工作转速对重播指数影响的关系曲线图，如图 6-8（a）所示。拟合出工作转速对重播指数影响的回归方程，从而获得在设定试验参数范围之外的工作转速的重播指数。工作转速对重播指数方差分析结果如表 6-11 所示，重播指数回归模型极显著，说明该回归方程有意义。

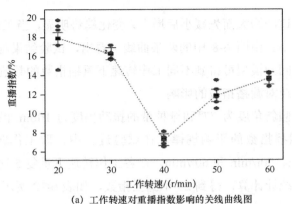

(a) 工作转速对重播指数影响的关线曲线图

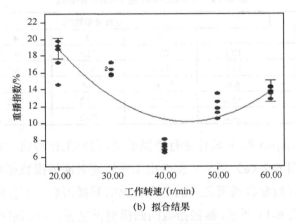

(b) 拟合结果

图 6-8　工作转速对重播指数的影响

表 6-11　工作转速对重播指数方差分析结果

来　　源	平 方 和	自 由 度	F 值	显 著 性
回归模型	234.54	2	18.43	< 0.0001
因子 n	82.69	1	13.00	< 0.0001
因子 n^2	151.85	1	23.87	< 0.0001
误差	27.34	20	—	—
总和	374.51	24	—	—

工作转速对重播指数影响的回归模型为

$$y = 39.168 - 1.307n + 0.015n^2 \tag{6-19}$$

通过 Design Expert 8.0.6 软件拟合出工作转速对重播指数影响的关系曲线，如图 6-8（b）所示。由图中曲线可知，当工作转速在 20～60r/min 范围内时，重播指数随着工作转速的增大而先减小后增大，变化趋势明显，当工作转速为 40r/min 时，重播指数最小。由图 6-8 中的两条曲线可看出，试验结果与软件拟合结果的规律一致，通过回归模型可得到不同工作转速下重播指数的数值。

（3）工作转速对漏播指数的影响

在排种器的倾斜角度为 77° 和排种带的振动幅度为 10mm 的工况条件下，研究工作转速对漏播指数的影响规律。在试验过程中，取工作转速为 20r/min、30r/min、40r/min、50r/min 和 60r/min，在各工作转速下重复 5 次试验，对所测得的种薯间距进行统计计算，得到 25 个漏播指数，如表 6-12 所示。

表 6-12 不同工作转速下的漏播指数

工作转速 n/(r/min)	漏播指数/%				
	1	2	3	4	5
20	19.9	20.4	21.8	19.7	18.2
30	14.7	12.9	8.7	9.3	9.6
40	6.8	7.6	5.4	6.6	8.0
50	18.6	17.2	13.2	13.2	13.6
60	16.2	19	20.2	21.5	24.1

应用 Design Expert 8.0.6 软件进行数据处理，得到工作转速对漏播指数影响的关系曲线图，如图 6-9（a）所示。拟合出工作转速对漏播指数影响的回归方程，从而获得在设定试验参数范围之外的工作转速的漏播指数。工作转速对漏播指数方差分析结果如表 6-13 所示，漏播指数回归模型极显著，说明该回归方程有意义。

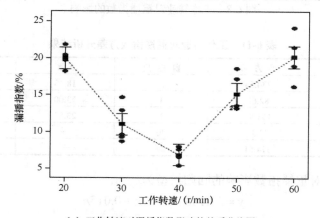

（a）工作转速对漏播指数影响的关系曲线图

图 6-9 工作转速对漏播指数的影响

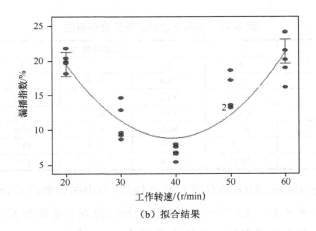

（b）拟合结果

图 6-9　工作转速对漏播指数的影响（续）

表 6-13　工作转速对漏播指数方差分析结果

来　　源	平方和	自由度	F 值	显著性
回归模型	594.28	2	38.49	< 0.0001
因子 n	10.22	1	1.32	< 0.0001
因子 n^2	584.07	1	75.66	< 0.0001
误差	98.67	20	—	—
总和	764.12	24	—	—

工作转速对漏播指数影响的回归模型为

$$y = 53.288 - 2.266n + 0.029n^2 \qquad (6\text{-}20)$$

通过 Design Expert 8.0.6 软件拟合出工作转速对漏播指数影响的关系曲线，如图 6-9（b）所示。由图中曲线可知，当工作转速在 20～60r/min 范围内时，漏播指数随着工作转速的增大而先减小后增大，变化趋势明显，当工作转速为 40r/min 时，漏播指数最小。由图 6-9 中的两条曲线可看出，试验结果与软件拟合结果的规律一致，通过回归模型可得到不同工作转速下漏播指数的数值。

3. 排种带的振动幅度对各指标的影响

（1）振动幅度对合格指数的影响

在倾斜角度为 77° 和工作转速为 40r/min 的工况条件下，研究排种带的振动幅度对合格指数的影响规律。在试验过程中，取振动幅度为 0、4mm、8mm、12mm、16mm 和 20mm，在各振动幅度下重复 5 次试验，经统计计算共得到 30 个试验数据，如表 6-14 所示。

表 6-14　不同振动幅度下的合格指数

振动幅度	合格指数/%				
s/mm	1	2	3	4	5
0	79.1	78.4	80.2	79.4	77.2
4	82.2	81.2	83.5	83.2	82.3
8	84.6	85.8	85.2	84.8	83.2
12	86.7	86.8	87.6	88.9	88.5
16	79.2	80.5	82.4	83.2	80.1
20	80.1	79.8	78.5	79.5	77.8

应用 Design Expert 8.0.6 软件进行数据处理，得出振动幅度对合格指数影响的关系曲线图，如图 6-10（a）所示。拟合出振动幅度对合格指数影响的回归方程，从而获得在设定试验参数范围之外的合格指数。振动幅度对合格指数方差分析结果如表 6-15 所示，合格指数回归模型极显著，说明该回归方程有意义。

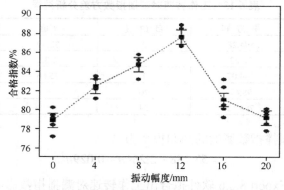

（a）振动幅度对合格指数影响的关系曲线图

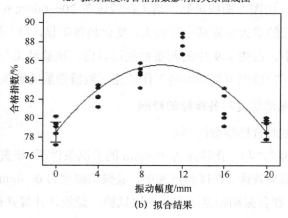

（b）拟合结果

图 6-10　振动幅度对合格指数的影响

表 6-15　振动幅度对合格指数方差分析结果

来　源	平 方 和	自 由 度	F 值	显 著 性
回归模型	238.06	2	38.03	< 0.0001
因子 s	12.02	1	1.32	< 0.0001
因子 s^2	238.05	1	76.06	< 0.0001
误差	30.81	24	—	—
总和	322.56	29	—	—

振动幅度对合格指数影响的回归模型为

$$y = 78.553 + 1.413s - 0.071s^2 \tag{6-21}$$

通过 Design Expert 8.0.6 软件拟合出振动幅度对合格指数影响的关系曲线，如图 6-10（b）所示。由图中曲线可知，当振动幅度在 0～20mm 范围内时，合格指数随着振动幅度的增大而先增大后减小，变化趋势明显，当振动幅度为 12mm 时，合格指数最大。由图 6-10 中的两条曲线可看出，试验结果与软件拟合结果的规律一致，通过回归模型可得出不同振动幅度下合格指数的数值。

（2）振动幅度对重播指数的影响

在倾斜角度为 77º 和工作转速为 40r/min 的工况条件下，研究振动幅度对重播指数的影响规律。在试验过程中，选取振动幅度为 0、4mm、8mm、12mm、16mm 和 20mm，在各振动幅度下重复 5 次试验，经统计计算可得到 30 个重播指数，如表 6-16 所示。

表 6-16　不同振动幅度下的重播指数

振动幅度 s/mm	重播指数/%				
	1	2	3	4	5
0	16.1	16.7	15.1	15.5	17.9
4	12	12.7	10.3	10.4	11.1
8	8.5	7.4	7.5	8.5	10
12	6.1	6.1	4.9	4.2	3.6
16	10	8.3	5.3	4.3	7.3
20	6	6.4	8.6	7	8.8

应用 Design Expert 8.0.6 软件进行数据处理，得出振动幅度对重播指数影响的关系曲线图，如图 6-11（a）所示。拟合出振动幅度对重播指数影响的回归方

程，从而获得在设定试验参数范围之外的重播指数。振动幅度对重播指数方差分析结果如表 6-17 所示，重播指数回归模型极显著，说明该回归方程有意义。

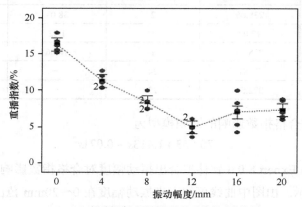

（a）振动幅度对重播指数影响的关系曲线图

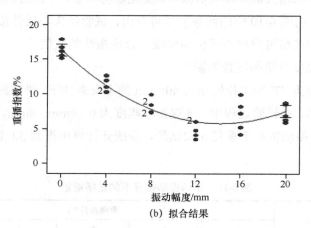

（b）拟合结果

图 6-11 振动幅度对重播指数的影响

表 6-17 振动幅度对重播指数方差分析结果

来 源	平 方 和	自 由 度	F 值	显 著 性
回归模型	390.72	2	89.08	< 0.0001
因子 s	263	1	119.93	< 0.0001
因子 s^2	127.71	1	58.23	< 0.0001
误差	46.01	24	—	—
总和	449.93	29	—	—

振动幅度对重播指数影响的回归模型为

$$y = 16.311 - 1.467s + 0.052s^2 \qquad (6-22)$$

通过 Design Expert 8.0.6 软件拟合出振动幅度对重播指数影响的关系曲线，如图 6-11（b）所示。由图中曲线可知，当振动幅度在 0～20mm 范围内时，重播指数随着振动幅度的增大而先减小后增大，当振动幅度大于 12mm 时，重播指数的增大趋势变得平缓。当振动幅度在 0～12mm 范围内时，重播指数的减小幅度较大，趋势变化明显，当振动幅度在 10～14mm 范围内时，重播指数较小，变化幅度在 5.5%～7.5%范围内。由图 6-11 中的两条曲线可看出，试验结果与软件拟合结果的规律一致，通过回归模型可得到不同振动幅度下重播指数的数值。

（3）振动幅度对漏播指数的影响

在倾斜角度为 77° 和工作转速为 40r/min 的工况条件下，研究振动幅度对漏播指数的影响规律。在试验过程中，取振动幅度为 0、4mm、8mm、12mm、16mm 和 20mm，在各振动幅度下重复 5 次试验，经统计计算可得到 30 个漏播指数，如表 6-18 所示。

表 6-18　不同振动幅度下的漏播指数

振动幅度 s/mm	漏播指数/%				
	1	2	3	4	5
0	4.8	4.9	4.7	5.1	4.9
4	5.8	6.1	6.2	6.4	6.6
8	6.9	7.1	7.3	6.7	6.8
12	7.2	7.1	7.5	6.9	7.9
16	10.8	11.2	12.3	12.5	12.6
20	13.9	13.8	12.9	13.5	13.4

应用 Design Expert 8.0.6 软件进行数据处理，得到振动幅度对漏播指数影响的关系曲线图，如图 6-12（a）所示。拟合出振动幅度对漏播指数影响的回归方程，从而获得在设定试验参数范围之外的漏播指数。振动幅度对漏播指数方差分析结果如表 6-19 所示，漏播指数回归模型极显著，说明该回归方程有意义。

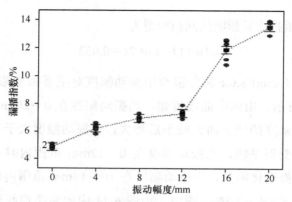

（a）振动幅度对漏播指数影响的关系曲线图

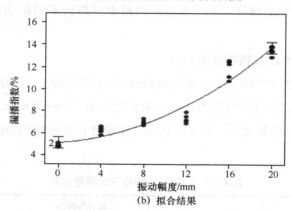

（b）拟合结果

图 6-12　振动幅度对漏播指数的影响

表 6-19　振动幅度对漏播指数方差分析结果

来　　源	平　方　和	自　由　度	F 值	显　著　性
回归模型	277.49	2	191.68	< 0.0001
因子 s	260.93	1	360.49	< 0.0001
因子 s^2	16.56	1	22.88	< 0.0001
误差	4.62	24	—	—
总和	297.03	29	—	—

振动幅度对漏播指数影响的回归模型为

$$y = 5.136 + 0.059s + 0.019s^2 \tag{6-23}$$

通过 Design Expert 8.0.6 软件拟合出振动幅度对漏播指数影响的关系曲线，如图 6-12（b）所示。由图中曲线可知，当振动幅度在 0～20mm 范围内时，漏播指数随着振动幅度的增大而增大。当振动幅度在 4～12mm 范围内时，漏播指数的变化趋势变得较平缓，漏播指数在 6%～7.5%范围内；当振动幅度在 12～20mm 范围内时，漏播指数的变化幅度较大，漏播指数在 8%～14%范围内，变化趋势表明了在振动幅度超过 12mm 时，振动幅度对漏播指数的影响较大。由图 6-12 中的两条曲线可看出，试验结果与软件拟合结果的规律一致，通过回归模型可得出不同振动幅度下漏播指数的数值。

6.2.2　多因素试验

双列交错勺带式马铃薯精量排种器的运行参数主要包括工作转速、振动幅度和倾斜角度，通过单因素试验确定了倾斜角度对排种性能的影响不显著。因此本试验以"尤金 885"种薯为对象，选取对排种性能产生主要影响的工作转速和振动幅度为因素，参考前面的单因素试验及理论分析结果，进行多因素试验来探讨工作转速与振动幅度之间的交互作用及其对排种性能的影响。

1. 试验设计

本节采用二次正交旋转组合设计方案，对各因素的交互组合对排种性能的影响进行研究。以排种器的工作转速和排种带的振动幅度为试验因素，以合格指数、重播指数、漏播指数为性能指标进行多因素试验。根据前面的排种器的关键部件理论分析、基于离散元素法的充种运移过程仿真、虚拟充种运移性能试验及基于高速摄像技术的投种性能分析，配合各因素有效可控范围，设定试验因素水平，试验因素水平编码表如表 6-20 所示。在此基础上，采用二因素五水平二次旋转组合设计试验研究排种器的最佳作业性能参数。在试验过程中，每次对 100 粒马铃薯的种薯间距进行统计，每组试验重复进行 10 次，取数据的平均值作为试验结果。

表 6-20　试验因素水平编码表

编 码 号	工作转速 x_1/ (r/min)	振动幅度 x_2/mm
1.414	50.0	20.0
1	45.6	17.7
0	35.0	12.0
-1	24.4	6.3
-1.414	20.0	4.0

2. 试验结果与分析

二次正交旋转组合设计方案与上述试验因素水平编码表保持一致，将测得的数据进行统计计算并取平均值作为试验结果,将其填入试验方案与结果的表格中,如表 6-21 所示。试验参数设计值与实际值的误差小于 2.1%,可近似以工作转速和振动幅度的设计值来分析试验结果。

表 6-21　试验方案与结果

序 号	试 验 因 素		性 能 指 标		
	工作转速 x_1/ (r/min)	振动幅度 x_2/mm	y_1/%	y_2/%	y_3/%
1	−1	−1	87.56	7.50	4.94
2	1	−1	73.92	10.57	15.51
3	−1	1	80.96	7.50	11.54
4	1	1	75.41	8.76	15.83
5	−1.414	0	82.39	7.22	10.39
6	1.414	0	80.63	7.63	11.74
7	0	−1.414	76.01	11.33	12.66
8	0	−414	72.79	6.76	20.45
9	0	0	91.03	5.00	3.97
10	0	0	92.68	5.59	1.73
11	0	0	87.75	6.72	5.53
12	0	0	88.94	6.26	4.80
13	0	0	90.94	5.69	3.37
14	0	0	86.98	6.22	6.80
15	0	0	94.74	5.1	0.16
16	0	0	87.62	7.06	5.32

（1）各因素对合格指数的影响分析

运用 Design Expert 8.0.6 软件获得排种器的工作转速和排种带的振动幅度这两个因素对合格指数影响的方差分析结果,如表 6-22 所示。

表 6-22　各因素对合格指数影响的方差分析结果

来　源	平方和	自由度	F 值	显著性（$P>F$）
回归模型	655.01	5	14.25	0.0003
x_1	11.67	1	1.27	0.028
x_1^2	58.75	1	6.39	0.003
x_2	445.88	1	48.49	<0.0001
x_2^2	122.34	1	13.30	0.0045
$x_1 x_2$	16.36	1	1.78	0.0021
误差	52.51	7	—	—
总和	746.97	15	—	—

在试验分析中，首先设定在 $P>F$ 的概率小于 0.05 时，模型显著。由表 6-22 可以看出，x_1、x_1^2、x_2、x_2^2、x_1x_2 这 5 项都是模型的有效项，合格指数的回归模型是显著的，回归模型是有意义的，拟合方差不显著，即方程的拟合情况较好，具有实际意义。根据以上试验分析结果可知，工作转速及振动幅度对合格指数影响的显著性存在差异性，主要表现为振动幅度对合格指数影响的显著性较大，而工作转速对合格指数影响的显著性较小。以合格指数 y_1 为响应函数、各个实验因素水平编码值为自变量的回归模型为

$$y_1 = 90.09 - 2.71x_1 - 1.21x_2 - 3.91x_1^2 - 7.47x_2^2 + 2.02x_1x_2 \qquad （6-24）$$

通过试验分析软件可得到工作转速、振动幅度对合格指数影响的等高线图和响应曲面图，如图 6-13 所示。

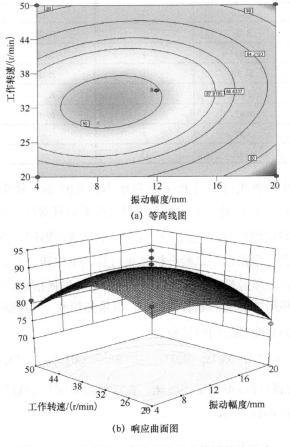

（a）等高线图

（b）响应曲面图

图 6-13　工作转速、振动幅度对合格指数的影响

根据上述回归模型和响应曲面图可知，工作转速与振动幅度之间存在交互作用。由图 6-13 可知，当振动幅度一定时，合格指数随着工作转速的增大而先增大后减小；当工作转速一定时，合格指数随着振动幅度的增大也先增大后减小；当振动幅度变化时，合格指数的变化区间较大，因此振动幅度是影响合格指数的主要因素。

（2）各因素对重播指数的影响分析

运用 Design Expert 8.0.6 软件获得排种器的工作转速和排种带的振动幅度对重播指数影响的方差分析结果，如表 6-23 所示。

表 6-23　各因素对重播指数影响的方差分析结果

来　源	平　方　和	自　由　度	F 值	显著性（$P>F$）
回归模型	39.10	5	9.18	0.0017
x_1	8.56	1	10.04	0.009
x_1^2	3.01	1	3.54	0.016
x_2	21.30	1	25.00	0.0005
x_2^2	5.40	1	6.34	0.030
x_1x_2	0.82	1	0.96	0.035
误差	3.82	7	—	—
总和	47.62	15	—	—

在试验分析中，首先设定当 $P>F$ 的概率小于 0.05 时，模型显著。由表 6-23 可以看出，x_1、x_1^2、x_2、x_2^2、x_1x_2 这 5 项都是模型的有效项，重播指数的回归模型是显著的，回归模型是有意义的，拟合方差不显著，即回归方程的拟合情况较好，具有实际意义。根据以上试验分析结果可知，工作转速及振动幅度对重播指数影响的显著性存在差异性，主要表现为工作转速对重播指数影响的显著性较大，而振动幅度对重播指数影响的显著性较小。以重播指数 y_2 为响应函数、各个试验因素水平编码值为自变量的回归模型为

$$y_2 = 5.21 + 0.61x_1 - 1.03x_2 - 1.19x_1^2 - 2.01x_2^2 - 0.45x_1x_2 \qquad (6-25)$$

通过试验分析软件可得到工作转速、振动幅度对重播指数影响的等高线图和响应曲面图，如图 6-14 所示。

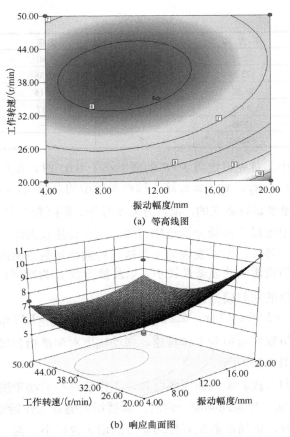

(a) 等高线图

(b) 响应曲面图

图 6-14　工作转速、振动幅度对重播指数的影响

　　根据上述回归方程和响应曲面图可知，工作转速与振动幅度之间存在交互作用。由图 6-14 可知，当振动幅度一定时，重播指数随着工作转速的增大而先减小后增大；当工作转速一定时，重播指数随着振动幅度的增大也先减小后增大；当工作转速变化时，重播指数的变化区间较大，因此工作转速是影响重播指数的主要因素。

　　（3）各因素对漏播指数的影响分析

　　运用 Design Expert 8.0.6 软件可获得排种器的工作转速和排种带的振动幅度对漏播指数影响的方差分析结果，如表 6-24 所示。

表 6-24　各因素对漏播指数影响的方差分析结果

来　　源	平 方 和	自 由 度	F 值	显著性（$P>F$）
回归模型	433.81	5	13.82	0.0003
x_1	40.22	1	6.40	0.0019

来　　源	平　方　和	自　由　度	F 值	显著性（$P>F$）
x_1^2	35.15	1	5.60	0.0039
x_2	272.26	1	43.36	<0.0001
x_2^2	76.32	1	12.15	0.0059
x_1x_2	9.86	1	1.57	0.0238
误差	32.85	7	—	—
总和	496.60	15	—	—

在试验分析中，首先设定当 $P>F$ 的概率小于 0.05 时，模型显著。由表 6-24 可以看出，x_1、x_1^2、x_2、x_2^2、x_1x_2 这 5 项都是模型的有效项，漏播指数回归模型是显著的，回归模型是有意义的，拟合方差不显著，即回归方程的拟合情况较好，具有实际意义。根据以上试验分析结果可知，工作转速及振动幅度对漏播指数影响的显著性存在差异性，主要表现为工作转速对漏播指数影响的显著性较大，而振动幅度对漏播指数影响的显著性较小。以漏播指数 y_3 为响应函数、试验因素水平编码值为自变量的回归模型为

$$y_3 = 3.96 + 2.11x_1 - 2.24x_2 - 3.08x_1^2 - 5.83x_2^2 - 1.57x_1x_2 \qquad (6\text{-}26)$$

通过试验分析软件可得到工作转速、振动幅度对漏播指数影响的等高线图和响应曲面图，如图 6-15 所示。

根据上述回归方程和响应曲面图可知，工作转速与振动幅度之间存在交互作用。由图 6-15 可知，当振动幅度一定时，漏播指数随着工作转速的增大而减小；当工作转速一定时，重播指数随着振动幅度的增大也减小；当工作转速变化时，漏播指数的变化区间较大，因此工作转速是影响漏播指数的主要因素。

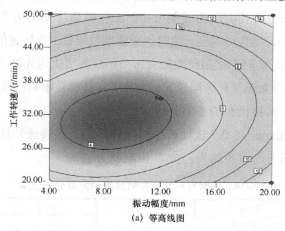

(a) 等高线图

图 6-15　工作转速、振动幅度对漏播指数的影响

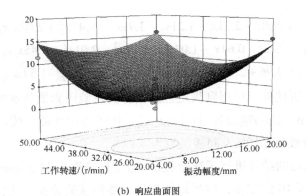

(b) 响应曲面图

图 6-15 工作转速、振动幅度对漏播指数的影响（续）

3. 试验优化与验证

通过性能优化试验，可使合格指数、重播指数、漏播指数满足排种器的排种性能及播种农艺要求，从而对工作参数进行调整。试验的目的是在满足播种农艺要求的条件下寻找排种器的工作转速和排种带的振动幅度的最佳参数组合。根据排种性能要求，应用 Design Expert 8.0.6 软件进行优化求解，以合格指数、重播指数及漏播指数为性能指标，进行模型的优化[125]，得到在满足性能指标的前提下的工作转速和振动幅度这两个影响因素的最佳参数组合。

在此基础上，对试验因素最佳水平组合进行优化设计，结合试验因素边界条件建立参数化数学模型，对合格指数、重播指数和漏播指数的回归方程进行分析，得到其非线性规划的数学模型

$$\begin{cases} \max\ y_1 \\ \min\ y_2 \\ \min\ y_3 \\ \text{s.t.}\quad 20.0\text{m/s} \leqslant x_1 \leqslant 50.0\text{m/s} \\ \qquad 4.0\text{mm} \leqslant x_2 \leqslant 20.0\text{mm} \\ \qquad 0 \leqslant y_1(x_1,x_2) \leqslant 1 \\ \qquad 0 \leqslant y_2(x_1,x_2) \leqslant 1 \\ \qquad 0 \leqslant y_3(x_1,x_2) \leqslant 1 \end{cases} \qquad (6\text{-}27)$$

以排种器的工作转速和排种带的振动幅度为试验影响因素，以合格指数、重播指数及漏播指数为主要性能指标，各性能指标与试验因素水平编码值间的回归方程为

$$y_1 = 90.09 - 2.71x_1 - 1.21x_2 - 3.91x_1^2 - 7.47x_2^2 + 2.02x_1x_2 \qquad (6\text{-}28)$$

$$y_2 = 5.21 + 0.61x_1 - 1.03x_2 - 1.19x_1^2 - 2.01x_2^2 - 0.45x_1x_2 \qquad (6\text{-}29)$$

$$y_3 = 3.96 + 2.11x_1 - 2.24x_2 - 3.08x_1^2 - 5.83x_2^2 - 1.57x_1x_2 \qquad (6\text{-}30)$$

应用试验分析软件，可得到满足性能指标的试验因素最佳水平组合。当工作转速为 31.5r/min、振动幅度为 11.7mm 时，排种作业性能最优，其合格指数为 90.64%，重播指数为 5.19%，漏播指数为 4.17%。

此处对优化后的结果进行了试验验证，当工作转速为 31.5r/min 和振动幅度为 11.7mm 时，进行 10 组试验，取平均值作为最终的试验数据。试验的合格指数为 89.92%，重播指数为 5.12%，漏播指数为 4.96%，试验结果与优化结果基本接近，误差在允许范围之内。将该种情况下的试验结果与文献中的常规勺带式排种器的排种性能进行对比可知，其合格指数提高了 19.9%，优于 NY/T 1415—2007《马铃薯种植机质量评价技术规范》中所规定的指标。

6.3　本章小结

本章对双列交错勺带式马铃薯精量排种器的排种性能进行检测，从而得到排种器的最佳参数组合。以倾斜角度、工作转速及振动幅度为主要因素，以合格指数、重播指数、漏播指数为性能指标，参考国家标准 GB/T 6242—2006《种植机械　马铃薯种植机　试验方法》和 NY/T 1415—2007《马铃薯种植机质量评价技术规范》，分别进行了单因素及多因素试验。

单因素试验的结果表明，工作转速及振动幅度对排种性能的影响极显著，而倾斜角度对排种性能的影响不显著。多因素试验的结果表明，当工作转速为 31.5r/min、振动幅度为 11.7mm 时，排种作业性能最优，并对优化结果进行了试验验证，测得合格指数为 89.92%，重播指数为 5.12%，漏播指数为 4.96%。试验结果与优化结果基本一致，误差在可接受的范围内，满足马铃薯的播种农艺要求。

第 7 章　马铃薯精量播种装置配置设计与田间试验

田间试验是指在田间土壤、自然气候等环境条件下栽培作物，并进行与作物相关的各种科学研究的试验。田间试验的特点是研究对象和材料是生物体本身，以农作物为主体，试验的环境是开放的，因此容易产生误差[76]。虽然田间试验会受到很多人为因素及客观因素的干扰，很难准确地控制某影响因素从而进行试验研究，但田间试验能真正实际地考察各个关键部件的工作性能及可靠性，考察整机在田间的适应性能，考察样机的整机配置合理性及动力配套情况，便于进一步地发现问题、解决问题，因此进行样机的田间试验是很有必要的。

马铃薯是我国北方地区普遍种植的农作物，其机械化播种应满足以下要求：（1）选择地势平坦、土壤肥沃的地块进行机械化播种作业，在耕层深厚、土质疏松、排水良好、土壤中的有机质含量比较高的地块作业，利于后期马铃薯的增产增收；（2）采用垄作种植方式有利于机械化播种、后期进行田间管理及收获作业，为马铃薯的增产增收提供有力保障；马铃薯机械化播种宜采用大行距，一般为70～90cm，可有效地减少拖拉机轮胎对垄的碾压及后期收获时的伤苗现象；（3）马铃薯机械化播种要求播种深浅一致，不重播，不漏播，播种深度为 8～15cm，覆土均匀严实，不露籽。

7.1　整机配置要求

马铃薯精量播种装置的整机配置应满足以下要求：（1）播种机机架用来安装工作部件并起连接固定的作用，应具有足够的刚度和强度，同时各个单体（包括开沟器、覆土器和排种器等）应能在机架上按所需的行距进行调节；（2）各部件结构紧凑，同时应保持各部件总成为一个整体，以便进行各个关键部件的维修、更换及保养；（3）地轮安装于机架的前梁和后梁之间，并能按照不同行距进行相应的调整，具有一定的承受负荷能力；（4）保证机组挂接合理，能适合不同型号拖拉机的挂接要求。

7.2 整机的总体结构及技术参数

马铃薯精量播种装置主要由施肥装置、播种装置、防架空装置、机架、地轮、开沟器、培土犁、镇压轮等组成，其结构示意图如图 7-1 所示。该装置可一次性完成开沟、播种、施肥、覆土、镇压等多项工作，其工作过程是：当拖拉机悬挂该机具进行田间作业时，开沟器开沟，地轮随拖拉机的行进而转动，地轮转动是播种装置的全部动力来源，通过地轮轴上的链轮将动力传给中间轴上的链轮，中间轴上的链轮再将动力传递给排种器和排肥器的主动链轮，分别带动双列交错勺带式马铃薯精量排种器和外槽轮式排肥器，取种凹勺依次从种箱中舀取种薯，排种器自下而上将取种凹勺运送到排种管，最终将种薯从投种口投出并落入开好的种沟内。外槽轮式排肥器排出的肥料通过排肥管落入开沟器的沟底，完成施肥过程，随后覆土器覆土，镇压轮将土壤压实，完成播种作业。

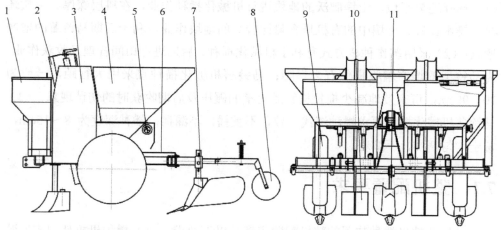

1—施肥装置；2—播种装置；3—株距调节机构；4—种箱；5—防架空装置；6—机架；
7—培土犁；8—镇压轮；9—地轮；10—开沟器；11—传动系统

图 7-1 马铃薯精量播种装置的结构示意图

马铃薯精量播种装置的主要技术参数如表 7-1 所示。

表 7-1 马铃薯精量播种装置的主要技术参数

主要技术参数	性能指标
配套形式	三点悬挂式
配套动力/kW	≥48（轮式拖拉机）
整机质量/kg	700
行数/行	2
行距/mm	700～900（可调）
株距/mm	110～390（可调）
播种深度/mm	50～150（可调）
外形尺寸	2884mm×2275mm×1792mm
工作幅宽/mm	1500～1800
作业速度/km·h^{-1}	3～6

7.3 关键部件选型配套

7.3.1 开沟器

1．技术要求

开沟器是播种机的主要触土工作部件，其作用是在播种机作业时开出种沟，引导种子落入种沟并完好地覆盖湿土。开沟器的工作质量直接影响播种质量和种子的发芽、生长状况，因此开沟器应满足如下条件：（1）开沟时开沟直，沟底整齐，深度一致，行内种子均匀地分布于沟底；开沟深度和宽度符合规定的要求，且开沟深度可调并调节方便，以满足不同作物的播深要求；（2）开沟作业时不扰乱土层，入土性能好，避免土中杂物（作物残茬、杂草等）对开沟器造成堵塞；（3）具有一定的覆土能力，要使种子紧密接触湿土，深度一致，覆盖完全，以便种子出芽，且结构简单、工作可靠、维修方便、工作阻力小、对土壤适应性好。

2．类型选取

开沟器有很多类型，按运动形式可分为滚动式和移动式；按入土角度可分为锐角式（入土角<90º）和钝角式（入土角>90º）两类。锐角式开沟器主要包括锄铲式开沟器和芯铧式开沟器等；钝角式开沟器主要包括双圆盘式开沟器和滑刀式开沟器。双圆盘式开沟器属于滚动式开沟器，芯铧式开沟器和滑刀式开沟器属于移动式开沟器，各类型的开沟器如图 7-2 所示。

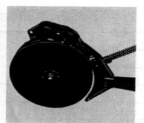

（a）芯铧式开沟器　　　　　（b）滑刀式开沟器　　　　　（c）双圆盘式开沟器

图 7-2　开沟器

（1）芯铧式开沟器

芯铧式开沟器在工作时，其芯铧入土开沟，将土壤向两侧推出，两个侧板挡住土壤，种子在两侧板之间落入种沟，然后土壤从侧板后部塌落回土盖种。芯铧式开沟器具有入土性能好、开沟较宽、沟底平整、对播前整地要求不高的特点，还可防止干土湿土混合，利于保墒出苗，适于东北地区的垄作种植模式[126]。

（2）滑刀式开沟器

工作时，滑刀以钝角切压土壤，刀后侧板向两侧推挤土壤，形成种沟，种子从侧板间落入沟底，湿土从侧板后的下角缺口回土盖种，底托用以压密沟底，使种子得到更多的水分。在精播时，可将沟底压成 V 形槽，保证种子集中、不分散。调节齿板用来调节限深板的位置，可得到需要的稳定耕深。滑刀式开沟器靠重力入土，开沟质量好、沟窄且沟形整齐、开沟深度稳定、不乱土层，但入土性能差、工作阻力大，适于整地良好条件下的作业。

（3）双圆盘式开沟器

在工作时，圆盘受到土壤反作用力的作用而滚动前进，切开土壤并向两侧推挤形成种沟，种子在两圆盘间经导种板散落于种沟中。圆盘过后，沟壁下层湿土先塌落覆盖种子，然后覆盖上层干土。双圆盘式开沟器的特点与滑刀切削入土相似，易切断土壤中的残根，具有较强的切土能力和较强的土壤适应能力，工作可靠，不易出现挂草、堵塞等现象，但结构复杂、质量大、价格昂贵。

基于对以上各类型开沟器的分析，该马铃薯精量播种装置选用芯铧式开沟器进行开沟作业。

7.3.2　覆土器

开沟器只能使少量湿土覆盖种子，不能满足覆土厚度的要求，因此还应在开沟器后面安装覆土器。覆土器在播种后进行覆土，以达到一定的覆盖厚度。覆土器应满足如下要求：覆土均匀、深度一致、不影响种子在种沟中的分布。

播种机中常见的覆土器类型有链环式、弹齿式、爪盘式、圆盘式和刮板式等。链环式、弹齿式和爪盘式覆土器为全幅覆盖，常用于行距较窄的谷物播种机；圆盘式和刮板式覆土器常用于行距较宽、覆土量较大且要求覆土严密、有一定起垄功能的中耕作物播种机。

该马铃薯精量播种装置选用刮板式覆土器，如图 7-3 所示，主要由拉杆、调节板及覆土板等组成。覆土板分左、右两部分，呈"八"字形配置，其开度和倾角可调。在整地质量较差的情况下，为使覆土器不跳动，还可加装配重。马铃薯精量播种装置选用的刮板式覆土器的覆土厚度可达 15cm 左右，可完全覆盖种沟并开出两边垄沟，能够满足马铃薯的播种农艺要求。

图 7-3　刮板式覆土器

7.3.3　镇压轮

在播种的同时镇压土壤，可减少土壤中的孔隙，减少水分的蒸发，加强土壤毛细管的作用，达到调水保墒的目的。镇压轮压紧土壤，使种子与土壤接触严密，这对于种子发芽及其生长情况是十分有利的，同时还可适当调节地温。对镇压轮的要求是不黏土、转动灵活、镇压力可适当调节、镇压后地表平整。

镇压轮多由金属或橡胶制成，轮辋形状分为平面形、凸面形和凹面形等。平面形镇压轮轮辋的结构简单，具有较宽的镇压面，压力分布较均匀，应用较广；凸面形镇压轮轮辋较窄，可用于沟内镇压，对种子上层土壤压得较实，主要适于谷子、玉米、小麦等作物播种后的镇压；凹面形镇压轮轮辋从两侧将土壤压向种子，种子上层的土壤较疏松，有利于种子幼芽出土。

该马铃薯精量播种装置的镇压轮选用凹面形橡胶材质镇压轮，如图 7-4 所示，对土壤的压强可达到 $3 \times 10^{4} \sim 5 \times 10^{4} \mathrm{Pa}$，压紧后的土壤容重为 $0.8 \sim 1.2 \mathrm{g/cm}^{3}$，能够满足马铃薯的播种农艺要求。由于橡胶具有弹性，因此这种镇压轮不易黏土、可自动脱土，镇压效果较好，适于垄作播种机播种后的镇压作业。

图 7-4　镇压轮

7.3.4　排肥器

肥料能够提供农作物苗壮成长所需的氮、磷、钾及各种微量元素，合理施肥对于提高农作物的产量及品质具有非常重要的作用。另外，肥料对于土壤的作用是非常巨大的，它可以改善土壤构造、提高土壤保水力及土壤温度、丰富土壤营养成分等。排肥器是马铃薯精量播种装置的重要部件，可在排种的同时进行施肥作业，排肥器应满足的农艺技术要求如下：（1）排肥能力强，排肥均匀性、连续性较好，对肥料颗粒的损伤小；（2）排肥量均匀稳定，不架空、不堵塞、不断条、通用性好，能施同一类型的多种肥料；（3）工作阻力小，工作性能可靠，使用调节方便，使用寿命长，零部件应具有较好的耐腐蚀性及耐磨性。

用于播种机上的排肥器的类型较多，主要有外槽轮式、振动式、搅龙式、水平星轮式和摆斗式。在选择和设计排肥器时应有一定的针对性，由于各种排肥器适合排施的肥料不同、特点不同，因此应慎重选择。下面介绍外槽轮式排肥器的工作原理及适用范围。

外槽轮式排肥器在工作时，排肥轴通过轴销带动外槽轮转动，肥料在自身重力的作用下填满槽轮的凹槽并随槽轮一起转动。由于肥料颗粒之间存在内摩擦力，因此槽轮转动带动了槽轮外部的肥料一起运动，槽轮与排肥舌挤压，将强制层和带动层的肥料从排肥舌的下方排入输肥管中，进而肥料落入开好的种沟内，完成肥料的排施过程。

外槽轮式排肥器的排肥量主要取决于槽轮的转速及有效工作长度。当肥料湿度较大时，槽轮会被肥料包裹成圆辊，肥料会在圆辊上转动打滑，有时槽轮会被肥料黏附而堵塞，从而丧失了排肥能力。为了避免这种情况的发生，应提高排肥性能，目前该种排肥器大多采用铸塑材料代替原来的铸铁材料，这样可减少肥料对外槽轮的腐蚀。

外槽轮式排肥器具有工作可靠、结构简单、成本低和通用性好的特点，是目前应用最广泛的排肥器。以排施颗粒肥为主的外槽轮的直径范围为 50～71mm，槽轮的工作长度为 50～65mm，因此马铃薯精量播种装置一般选用外槽轮式排肥器，如图 7-5 所示，外槽轮的直径为 60mm，槽轮的最大工作长度为 65mm。

图 7-5　外槽轮式排肥器

7.3.5　肥箱

肥箱是马铃薯精量播种装置的重要组成部分，肥箱中的肥料在重力的作用下对底部肥料产生很大压力，从而增大了肥料颗粒内部的摩擦力。肥箱设计得不合理会使得肥料结拱架空或在出口处堵塞，破坏施肥的稳定性及连续性，因此，肥箱设计的合理性是十分重要的。肥箱设计应满足以下要求：肥箱容量应适当，保证作业过程中有较少的加肥次数，同时避免肥箱过大而使机具的牵引阻力变大；

肥箱底部侧板的倾斜角应大于肥料的自然休止角，保证肥料能够顺畅地落入排肥器中；肥箱设计结构合理，质量小，肥箱表面涂油漆以防腐蚀；肥料易添加，并能够方便地清理肥箱中的残余肥料，具有良好的密封性。

1. 肥箱的容积

肥箱的容积取决于工作幅宽、施肥量、施肥工作行程及肥料的密度。马铃薯精量播种装置在工作时，肥箱中的肥料不宜装得过满，以免机具振动造成肥料损失，同时为了不影响播种机工作时的排肥性能，也不宜将肥料全部排净，应至少保证肥箱中有15%的剩余量。

肥箱的容积的计算公式为

$$V = \frac{1.1KBQ_{max}}{10000\varsigma} \tag{7-1}$$

式中，V 为肥箱的容积，单位为 L；K 为施肥距离，单位为 m，取 K =600m；B 为工作幅宽，单位为 m，取 B =1.8m；Q_{max} 为单位面积的最大施肥量，单位为 kg/hm^2（hm 表示百米），取 Q_{max} =1000kg/hm^2；ς 为肥料的密度，单位为 kg/L，取 ς =0.8kg/L。

肥箱的容积为

$$V = \frac{1.1KBQ_{max}}{10000\varsigma} = \frac{1.1 \times 600 \times 1.8 \times 1000}{10000 \times 0.8} = 148.5\text{L} \tag{7-2}$$

通过计算可得到肥箱的容积为 148.5L，而为了使每次排肥后种箱中有一定的剩余量，种箱实际容积应比理论值大 15%，肥箱实际容积经计算为 176L。该播种装置设计了两个左右对称的小型肥箱，所以每个肥箱的容积为 88L。

2. 排肥量

排肥量的调节可通过改变排肥器外槽轮的工作长度来实现，如图 7-6（a）所示，用手转动排肥量调节手轮，使排肥轴产生轴向移动，从而改变单个排肥器外槽轮的工作长度，达到所需的排肥量即可紧固调整螺母。转动排肥量调节手轮，只是进行了肥量的调节，而不能直接表示排肥量的多少，要经过试验测定和计算才能得到精确的排肥量数值。

排肥量测定的具体过程如下：测定前保证肥箱中的肥料达到肥箱容积的 2/3 左右，拖拉机后的悬挂装置提起马铃薯精量播种装置，使马铃薯精量播种装置的地轮离开地面，机架保持水平状态，人工转动地轮 20 圈，用容器接取排肥管排出的肥料，并利用杠杆秤称取肥料的质量，如图 7-6（b）和图 7-6（c）所示，重复三次取平均值。

（a）排肥量的调节　　　　（b）转动地轮　　　　（c）称取肥料

图 7-6　排肥量测定过程

每亩排肥量的计算公式为

$$Q = \frac{667\kappa}{\pi DHZ} \tag{7-3}$$

式中，Q 为每亩排肥量，单位为 kg；κ 为每转排肥量，单位为 kg/r；H 为行数；Z 为行距，单位为 m；D 为车轮直径，单位为 m。

试验过程中当地轮转动 20 圈时，称得排肥质量的平均值为 5.2kg，则每转排肥量为 0.26kg/r，该马铃薯播种装置的行数为 2，行距为 0.8m，地轮直径为 0.7m，则每亩排肥量为

$$Q = \frac{667\kappa}{\pi DHZ} = \frac{667 \times 0.26}{3.14 \times 0.7 \times 2 \times 0.8} \approx 49.3\text{kg} \tag{7-4}$$

将计算得出的数据与播种农艺要求所需的排肥量进行对比，若不相同，则再次人工调节排肥器外槽轮的工作长度，重复以上测定及计算过程，直到相同为止。

通过前面对马铃薯精量播种装置的关键部件进行选型配套，配置设计了集开沟、播种、施肥、覆土、镇压作业于一体的马铃薯精量播种装置，如图 7-7 所示。

1—种箱；2—覆土器；3—镇压轮；4—机架；5—地轮；6—肥箱；7—精量排种器

图 7-7　马铃薯精量播种装置

7.4 田间试验

田间试验的目的是进一步考察田间实际条件对双列交错勺带式马铃薯精量排种器工作性能的影响。田间试验比较真实，对样机改进具有实际指导意义，因此此次马铃薯田间试验严格参照《GB/T 6242—2006 种植机械 马铃薯种植机 试验方法》进行，测试内容包括播种均匀性、机器空勺率、播种深度、种肥深度、出苗率及产量，并对测试结果进行分析。

7.4.1 试验条件

田块的好坏是马铃薯播种成败的关键因素[127]，马铃薯播种对田块的耕整质量要求较高。因此，试验前需对田块进行旋耕整地作业，同时结合深松作业使土壤疏松规整，有利于提高土壤的通透性，降低有害生物基数。耕整后土壤含水率的平均值为 14.6%，土壤坚实度的平均值为 1.20MPa，满足播种农艺要求。试验田状况如图 7-8 所示。将安装有双列交错勺带式马铃薯精量排种器的马铃薯精量播种装置后挂于约翰迪尔 904 型拖拉机上，进行牵引作业，前进速度约为 4.6km/h。试验前将作业区域划分为启动区、测试区及停止区，目的是减小试验时产生的误差，测试总距离为 150m，启动区和停止区的长度分别为 15m。

图 7-8 试验田状况

7.4.2　试验材料及设备

选取东北农业大学马铃薯研究所提供的尤金 885 马铃薯种薯作为试验样品，种薯是刚收获的新鲜整薯，经过人工分级清选处理，保证种薯形状均匀、无损失，种薯单块质量为 40～50g。

试验设备包括安装有双列交错勺带式马铃薯精量排种器的马铃薯精量播种装置、约翰迪尔 904 型拖拉机（功率 66.6kW）、卷尺（量程 3m，精度 1mm）、皮尺（量程 30m，精度 1cm）、刚性直尺（量程 30cm，精度 1mm）、相机、摄像机和吊盘式杆秤（量程 10kg，精度 0.05kg）。

7.4.3　田间试验测定结果

1．播种均匀性测定试验

拖拉机牵引马铃薯精量播种装置参照《GB/T 6242—2006 种植机械　马铃薯种植机　试验方法》进行种薯播种田间试验，如图 7-9 所示。

图 7-9　种薯播种田间试验

利用 NY/T 1415—2007《马铃薯种植机质量评价技术规范》中规定的播种均匀性评价指标来考察马铃薯精量播种装置的工作性能[128]，如表 7-2 所示。机器播种后，随机选取 10 行马铃薯，并在各行马铃薯中随机选取 40m 测试距离进行统计及标记，人工扒开播种好的土层，测定种薯间距，考察各行种薯间距的均匀性，种薯间距测定如图 7-10 所示。

表 7-2　播种均匀性测定结果

项　目	评价指标/%
合格指数	≥67
重种指数	≤20
漏种指数	≤13
合格种薯间距变异系数	≤33

图 7-10　种薯间距测定

根据测定数据计算各行的均匀性变异系数为

$$\bar{X} = \frac{\sum X}{n} \tag{7-5}$$

$$S = \sqrt{\frac{\sum (X - \bar{X})^2}{n-1}} \tag{7-6}$$

$$V = \frac{S}{\bar{X}} \times 100\% \tag{7-7}$$

式中，$\bar{X}$ 为样本平均值，S 为标准差，V 为播种均匀性变异系数，n 为样本个数。

在田间播种作业后进行种薯间距测定，对测定的数据进行统计计算，播种均匀性指标统计表如表 7-3 所示。

由表 7-3 可知，10 行马铃薯种薯的平均间距的范围为 186～218mm，平均间距的平均值为 202.7mm；标准差的范围为 34.3～45.6mm，标准差的平均值为 40.2mm；播种均匀性变异系数的范围为 18.4%～22.4%，播种均匀性变异系数的平均值为 19.8%；合格指数的平均值为 87.44%，重播指数的平均值为 6.68%，漏播指数的平均值为 5.88%。试验结果表明，用马铃薯精量播种装置播种的种薯间距的合格指数、重播指数、漏播指数及播种均匀性变异系数均优于《NY/T 1415—2007 马铃薯种植机质量评价技术规范》中规定的均匀性评价指标，证明双列交错勺带式马铃薯精量排种器能够满足马铃薯精量播种农艺要求。

表 7-3　播种均匀性指标统计表

理论株距/mm	性能指标					
	行数/行	合格指数/%	重播指数/%	漏播指数/%	平均间距/mm	标准差/mm	播种均匀性变异系数/%
200	1	88.12	5.81	6.07	204	45.6	22.4
	2	87.64	6.13	6.23	196	38.8	19.8
	3	88.32	7.22	4.46	210	40.2	19.1
	4	85.24	8.51	6.25	190	36.5	19.2
	5	86.31	5.95	7.74	208	38.9	18.7
	6	89.20	6.22	4.58	218	45.6	20.9
	7	86.52	8.15	5.33	200	40	20
	8	86.17	7.51	6.32	205	39.6	19.3
	9	90.02	4.56	5.42	210	42.6	20.3
	10	86.89	6.79	6.32	186	34.3	18.4
平均值	—	87.44	6.68	5.88	202.7	40.2	19.8

2. 机器空勺率测定试验

在试验过程中，马铃薯精量播种装置运行平稳，利用摄像机录制测试区内的 10 行马铃薯精量排种器取种凹勺的取种过程，机器空勺率测定过程如图 7-11 所示。

图 7-11　机器空勺率测定过程

在数据过程处理中，通过摄像机慢速度回放，对每行连续统计 200 个取种凹勺，查出空勺的个数，机器空勺率的计算公式为

$$机器空勺率=\frac{空勺数}{种勺总数}\times100\%$$

（7-8）

机器空勺率测定结果如表 7-4 所示。

表 7-4 机器空勺率测定结果

理论间距/mm	行数/行	机器空勺率/%	平均机器空勺率/%
200	1	2.5	3.44
	2	2.1	
	3	3.2	
	4	3.5	
	5	2.5	
	6	4.0	
	7	3.5	
	8	3.4	
	9	5.2	
	10	4.5	

由表 7-4 可知,马铃薯精量播种机在正常作业过程中的平均机器空勺率为 3.44%。

3. 播种深度测定试验

播种深度是保证种子发芽、生长的重要因素之一,同时也是评价马铃薯精量播种装置工作质量的重要指标。播种时要保证播种深度一致,即种子覆盖土层的厚度一致。马铃薯的播种深度应符合播种农艺要求,若播种过深,则种子发芽时所需的空气不足,幼芽不易出土。另外,若土壤湿度大,则播种过深易感染病菌。若播种过浅,则水分不足从而影响种子发芽。

东北地区马铃薯种植理论中的播种深度为 80~100mm。试验过程中,在人工扒开播种土层测定种薯间距的同时进行播种深度的测定,如图 7-12 所示。

图 7-12 播种深度的测定

对试验数据进行统计和计算，播种深度测定结果如表 7-5 所示。由表 7-5 可知，10 行马铃薯种薯的播种深度合格率的范围为 83.7～89.2%，平均合格率为 86.3%。因此，在机器作业速度为 4.5km/h、理论播种深度为 80～100mm 的情况下，马铃薯精量播种装置的播种深度合格率满足国家标准及播种农艺要求。

表 7-5　播种深度测定结果

理论间距/mm	播种深度区间/mm			合格率/%	平均合格率/%
	（0, 80）	（80, 100）	（100, +∞）		
200	11	123	13	83.7	86.3
	10	142	12	86.6	
	15	138	10	84.7	
	12	135	14	83.9	
	9	145	10	88.4	
	10	140	7	89.2	
	11	137	10	86.7	
	11	151	9	88.3	
	17	149	8	85.6	
	16	161	11	85.6	

4. 种肥深度测定试验

马铃薯精量播种装置主要采用种肥侧位深施的施肥工艺，来防止种薯与肥料直接接触而导致伤种、烧种，从而影响后期马铃薯的出苗率及产量。播种装置将肥料均匀条施于种薯的侧方 50mm、下方 30mm 位置处，利用卷尺来进行种肥水平距离及垂直距离的测量，种肥水平距离测定如图 7-13 所示，种肥垂直距离测定如图 7-14 所示。

图 7-13　种肥水平距离测定　　　　图 7-14　种肥垂直距离测定

拖拉机带动马铃薯精量播种装置进行播种作业，机具调试稳定后在田间播种 10 行马铃薯种薯，在测试区的 40m 范围内每行随机选取 20 个点，人工扒开播种土层，对播种深度、施肥深度、种肥水平距离及种肥垂直距离进行测量[129]。种肥深度测定结果如表 7-6 所示。

表 7-6　种肥深度测定结果

行数/行	播种深度/mm	施肥深度/mm	种肥水平距离/mm	种肥垂直距离/mm
1	89	120	45	21
2	94	128	52	22
3	85	108	56	31
4	96	129	60	32
5	108	138	42	22
6	92	125	38	35
7	78	116	47	28
8	98	126	55	26
9	96	132	52	30
10	88	121	37	32
平均值/mm	92.4	124.3	48.4	27.9
标准差/mm	8.2	8.5	7.8	4.9
变异系数/%	8.9	6.9	16.2	17.5
平均合格率/%	87.6	90.2	92.5	91.1

由表 7-6 可知，播种深度的平均值为 92.4mm，变异系数为 8.9%，平均合格率为 87.6%；施肥深度的平均值为 124.3mm，变异系数为 6.9%，平均合格率为 90.2%；种肥水平距离的平均值为 48.4mm，变异系数为 16.2%，平均合格率为 92.5%；种肥垂直距离的平均值为 27.9mm，变异系数为 17.5%，平均合格率为 91.1%。以上数据均符合马铃薯机械化播种农艺要求。

5. 出苗率及产量测定试验

1）出苗率测定试验

待马铃薯出苗整齐后可进行出苗率的测定，马铃薯出苗情况如图 7-15 所示。随机选取 5 组长度为 10m 的 2 行马铃薯测定出苗率，公式为

$$J = \frac{Q_s}{Q_c Y} \times 100\% \tag{7-9}$$

式中，J 为出苗率，单位为%；Q_s 为实际苗株数，单位为株/亩（1 亩 ≈ 666.67m²）；Q_c 为播种密度，单位为粒/亩；Y 为种子用价（种子用价=种薯的发芽率×纯净度）。

根据测定的种薯平均间距与行距，计算播种密度为

$$Q_c = \frac{667}{\overline{X}Z} \qquad (7-10)$$

式中，$\overline{X}$ 为种薯平均间距，单位为 m；Z 为行距，单位为 m。

图 7-15　马铃薯出苗情况

出苗率测定结果如表 7-7 所示。

表 7-7　出苗率测定结果

测区	种薯粒数/粒	出苗株数/株	出苗率/%	平均出苗率/%
1	51	51	100	
2	45	43	95.6	
3	49	42	85.7	93.7
4	47	44	93.6	
5	48	45	93.8	

注：马铃薯种薯的发芽率为 98%，纯净度为 98.5%。

由表 7-7 可知，平均出苗率为 93.7%，出苗率高、出苗整齐、植株健壮、无断条现象。本节对双列交错勺带式马铃薯精量排种器进行了优化设计，使机具无论是在低速作业还是在高速作业条件下，都达到了合格指数较高、重播指数较低、漏播指数较低的要求，从而提高了田间马铃薯的出苗率。

2）产量测定试验

在马铃薯的成熟期可对试验田进行田间产量预测，产量测定应遵循以下几点原则：①产量测定应真实、公正、科学，遵循随机原则，克服主观性；②选择随机样点时应具有代表性，高、中、低肥力地块都应选取，避免出现均偏高现象，导致测产不准确；③保证测产过程中的称重准确、面积准确、处理数据准确；④提前做好测产准备工作，工具准备齐全，保证测产有序进行。

产量测定的具体方法如下。

（1）选取样点

在试验田中选取具有代表性的高、中、低肥力地块，每个地块的面积不小于 667m² ，按照对角线原则在每个地块进行 5 点取样，每个样点的面积取 20m²，行数不少于 6 行，进行产量测定分析。

（2）田间收获

将所取的样点内的全部马铃薯植株进行收获，将马铃薯分为商品薯及非商品薯（非商品薯是指单粒质量小于 50g 的马铃薯及病薯、烂薯、绿皮薯等）两种，并进行称重，换算成平均亩产量。其中，收获马铃薯总重的 1.5%为杂质量，计算时应将其扣除。

（3）公式计算

$$A=\frac{667\chi(1-\delta)}{C}$$ （7-11）

$$B=\frac{667\kappa(1-\delta)}{C}$$ （7-12）

式中，A 为商品薯亩产量，单位为 kg；B 为非商品薯亩产量，单位为 kg；χ 为单个样点商品薯的质量，单位为 kg；κ 为单个样点非商品薯的质量，单位为 kg；δ 为杂质率，单位为%；C 为样点的面积，单位为 m²。

测出所有样点的商品薯亩产量和非商品薯亩产量，并取其平均值，则平均亩产量为

$$M=(\overline{A}+\overline{B})\times(1-\delta)$$ （7-13）

式中，M 为平均亩产量，单位为 kg；$\overline{A}$ 为商品薯平均亩产量，单位为 kg；$\overline{B}$ 为非商品薯平均亩产量，单位为 kg。

产量测定结果如表 7-8 所示，平均亩产量为 3230.9kg。

表 7-8 产量测定结果

测 定 项 目	试验地块 1	试验地块 2	试验地块 3
商品薯平均亩产量/kg	2985.2	2812.1	2670.6
非商品薯平均亩产量/kg	461.3	490.3	420.7
地块平均亩产量/kg	3394.8	3252.9	3044.9
平均亩产量/kg	3230.9		

7.5　本章小结

本章对双列交错勺带式马铃薯精量排种器的田间作业性能进行了检验，结合东北地区马铃薯的播种农艺要求，对开沟器、覆土器、镇压轮、排肥器和肥箱等关键部件进行了选型配套，综合设计并配置了马铃薯精量播种装置。以尤金 885 马铃薯种薯为供试品，进行田间试验，对播种均匀性、种肥深度、产量等进行测定。田间试验的结果表明，在工况条件下，合格指数的平均值为 87.44%，重播指数的平均值为 6.68%，漏播指数的平均值为 5.88%，平均间距的范围为 186～218mm；平均机器空勺率为 3.44%，且种肥深度适宜，平均出苗率高于 93%，预测平均亩产量可达 3230.9kg，可满足马铃薯精密播种农艺要求。

第8章 结论、创新点与展望

8.1 结论

本书通过对国内外的马铃薯精量排种器研究现状进行系统分析，根据东北地区马铃薯的播种农艺要求，采用理论分析、离散元素法、虚拟样机技术、高速摄像技术、台架性能试验及样机试制等多种方法与手段进行了相关内容的研究工作。对马铃薯种薯物料特性进行了研究测定，优化设计了双列交错勺带式马铃薯精量排种器，采用离散元素法进行了 EDEM 虚拟充种运移性能试验，运用高速摄像技术及图像处理技术对排种器导种投送运移机理进行了研究，开展了台架性能试验并得到了排种器的最佳参数组合。在此基础上，综合设计并配置了马铃薯精量播种装置，进行了田间试验以检测机具的作业性能。获得的主要结论如下。

（1）对东北地区广泛种植的三个品种的马铃薯种薯（费乌瑞它、尤金885和东农 312）进行了物料特性测定研究。通过搭建多种物理力学试验台，测定了基本物理特性及相关力学参数，为马铃薯精量排种器的结构设计及仿真分析提供了理论依据。

①三个品种种薯的平均长分别为 46.86mm、51.67mm 和 55.38mm，平均宽分别为 40.12mm、46.21mm 和 42.75mm，平均厚分别为 34.44mm、41.09mm 和 36.76mm；三轴算术平均径分别为 40.47mm、46.32mm 和 44.96mm；几何平均径分别为 40.15mm、46.12mm 和 44.32mm；球形率分别为 0.86、0.89 和 0.80；平均质量分别为 35.91g、52.88g 和 50.56g；平均密度分别为 $1.06g/cm^3$、$1.03g/cm^3$ 和 $1.11g/cm^3$；含水率在 74%～85%范围内。

②采用倾斜试验装置，测定了三个品种种薯与不同材料（有机玻璃、聚氯乙烯、冷轧钢板及同品种种薯）的静摩擦系数；利用等应变直剪仪测得内摩擦角分别为 30.8°、31.9° 和 33.2°；利用注入法测得自然休止角分别为 37.9°、35.7°

和 34.2°。

③采用微机控制电子万能试验机测定了三个品种种薯在不同的摆放位置的刚度系数，得到了种薯在平放、侧放和立放时的刚度系数平均值分别为 80.2N/mm、74.6N/mm 和 44.8N/mm；弹性模量的平均值为 6.63MPa，且种薯的含水率对弹性模量有一定的影响，含水率越高，弹性模量越小。

（2）根据排种器的设计原则及马铃薯的播种农艺要求，结合充种、清种和投种等工作过程的运动学及动力学分析，优化设计了双列交错勺带式马铃薯精量排种器。对其关键部件双勺交错排种总成进行了优化，通过最速降线截曲线设计了取种凹勺，提高了充种稳定性、扩大了适应范围，最终确定取种凹勺的倾斜角度 α =36.78°～66.32°。柔性排种带选取 4 层橡胶帆布基带（厚 5mm），通过铆接搭扣交错连接制成，柔性双列交错排种带能充分利用排种带的空间结构，延长了取种凹勺的充种时间。

（3）以双列交错勺带式马铃薯精量排种器为研究载体，建立了充种舀取过程的动力学模型，得到了充种运移性能的主要影响因素。基于离散元素法建立了排种器的虚拟模型，运用 EDEM 仿真软件开展了虚拟充种运移性能试验，探究了工作转速及倾斜角度对排种器充种运移性能的影响。

试验结果表明，随着工作转速的增大，各等级尺寸种薯的单粒充种百分比呈先增大后减小的趋势。当工作转速为 30～40r/min 时，中型尺寸种薯的充种运移性能最优，其单粒充种百分比均大于 87%；随着排种器的倾斜角度的增大，三个品种种薯的单粒充种百分比先增大后趋于平缓，当倾斜角度在 70°～80° 范围内时，单粒充种百分比较大，且变化趋势平稳，在此基础上进行了样机试制。

（4）采用理论分析研究了马铃薯种薯的投送运移机理，获得了投种轨迹的主要影响因素。运用高速摄像技术与图像目标跟踪技术开展了投种试验，通过对种薯投种轨迹进行判别分析，得到了其分布规律。

试验结果表明，当工作转速为 20～60r/min 时，马铃薯种薯投种轨迹的水平位移整体稳定在 9.2～21.5mm 范围内。随着工作转速的增大，种薯抛物线轨迹的开口变大，其正面水平位移与侧面水平位移随之增大。当工作转速为 30～50r/min 时，马铃薯种薯的投种轨迹及落点位置较集中，波动性较小，株距的变异系数较小。本书为马铃薯精量排种器导种系统及配套的开沟器的优化设计奠定了理论基础。

（5）在自行设计的排种器台架上进行了双列交错勺带式马铃薯精量排种器的排种性能试验，研究了各工作参数对排种性能的影响，通过对相关参数进行优化，得到了排种器的最佳参数组合。

单因素试验结果表明，排种器的工作转速及振动幅度对排种性能的影响非常显著，而排种器的倾斜角度对排种性能的影响不显著。合格指数随着工作转速的增大先增大后减小，重播指数及漏播指数随着工作转速的增大先减小后增大；合格指数随着振动幅度的增大先增大后减小，重播指数随着振动幅度的增大先减小后增大，漏播指数随着振动幅度的增大而增大。

多因素试验的结果表明，当工作转速为 31.5r/min、振动幅度为 11.7mm 时，排种作业性能最优，并对优化结果进行了试验验证，测得合格指数为 89.92%，重播指数为 5.12%，漏播指数为 4.96%，试验结果与优化结果基本一致，误差在可接受的范围内，满足马铃薯的播种农艺要求。

（6）依据整机作业要求，合理配置各工作部件。田间试验的结果表明，整机各项性能指标符合播种农艺要求。

试验结果表明，在工况条件下，合格指数的平均值为 87.44%，重播指数的平均值为 6.68%，漏播指数的平均值为 5.88%，平均间距的范围为 186～218mm；平均机器空勺率为 3.44%，且种肥深度适宜，平均出苗率高于 93%，预测平均亩产量可达 3230.9kg，能够满足马铃薯精密播种农艺要求。

8.2 创新点

（1）根据东北地区马铃薯的播种农艺要求，创新设计了双列交错勺带式精量排种器，其合格指数为 89.92%，重播指数为 5.12%，漏播指数为 4.96%，合格指数较常规勺带式排种器提高了 19.9%。

（2）运用最速降线理论对马铃薯精量排种器的关键部件取种凹勺进行了理论分析及结构参数的优化设计，该方法可为机械式排种器物料舀取部件的设计提供重要的理论依据及参考。

8.3 展望

（1）探索双列交错勺带式马铃薯精量排种器充种过程中的种薯-取种凹勺耦合机理，搭建动力学试验台进行取种凹勺动力学测试，为取种凹勺的结构参数设计和耐磨材料选取提供参考。

（2）马铃薯精量排种器作为马铃薯播种机的关键部件，由地表引起的振动对其排种性能具有一定的影响。在后续研究工作中，可对马铃薯精量排种器进行振动测试及分析，为排种器的振动机理研究及性能优化奠定基础。

参 考 文 献

[1] http://baike.so.com/doc/2055538-2174802.html

[2] Tina. 联合国宣布 2008 年为"国际马铃薯年"[EB/OL].（2007-10-23）. http://www.china.com.cn/news/txt/2007-10/23/content_9111311.htm.

[3] 魏延安. 世界马铃薯产业发展现状及特点[J]. 世界农业，2005（3）：29-32.

[4] 吕金庆，田忠恩，吴金娥，等. 4U1Z 型振动式马铃薯挖掘机的设计与试验[J]. 农业工程学报，2015，31（12）：39-47.

[5] 吕金庆，田忠恩，杨颖，等. 4U2A 型双行马铃薯挖掘机的设计与试验[J]. 农业工程学报，2015，31（6）：17-24.

[6] 韩恒，陈伟，杜文亮，等. 影响带勺式马铃薯播种机排种性能的因素分析与试验[J]. 农机化研究，2016（3）：209-217.

[7] 李勤志. 中国马铃薯生产的经济分析[D]. 武汉：华中农业大学，2008.

[8] European Union. Potato planter with pin device A01C9/00: UA79794(C2) [P]. 2007-07-25.

[9] European Union. POTATO PLANTER A01 C9/00:UA 8662(U) [P]. 2005-08-15.

[10] 庞芳兰. 发达国家马铃薯种薯产业的发展及其启示[J]. 世界农业，2008（3）：53-55.

[11] 吕金庆，王泽明，孙雪松，等. 马铃薯螺旋推进式排肥器研究与试验[J]. 农机化研究，2015（6）：194-200.

[12] 何玉静. 马铃薯播种机新型排种机构的研究[D]. 北京：中国农业大学，2006.

[13] 杨金砖，吕金庆，李晓明，等. 2CMF—4 型悬挂式马铃薯种植机的研究[J]. 农机化研究，2010（1）：127-130.

[14] 窦钰程，杜木军，王晋，等. 马铃薯播种单体关键技术的研究[J]. 农机使用与维修，2014（12）：20-21.

[15] 王丽，孙秀俊，王忠伟. 我国马铃薯机械化种植的现状及前景分析[J]. 农机大世界，2011（23）：51-53.

[16] 吕金庆，尚琴琴，杨颖，等. 马铃薯杀秧机设计与优化[J]. 农业机械学报，2016，47（5）：106-114.

[17] 史嵩. 气压组合孔式玉米精量排种器设计与试验研究[D]. 北京：中国农业大学，2015.

[18] 孙伟，王关平，吴建民. 勺链式马铃薯排种器漏播检测与补种系统的设计与试验[J]. 农业工程学报，2016，32（11）：8-15.

[19] 朱维才，崔刚，李祎明，等. 2CM—2 型马铃薯播种施肥联合作业机的研制[J]. 农机化研究，2008（11）：98-100.

[20] 廖庆喜，张猛，余佳佳，等. 气力集排式油菜精量排种器[J]. 农业机械学报，2011，42（8）：30-34.

[21] 吕金庆，许剑平，杨金砖，等. 黑龙江马铃薯生产机械化现状及发展趋势[J]. 农机化研究，2009（8）：239-241.

[22] 卢延芳，孙传祝，王法明，等. 马铃薯播种机播种单元改进设计[J]. 农机化研究，2015（12）：140-143.

[23] 宋言明，王芬娥. 国内外马铃薯机械的发展概况[J]. 农机化研究，2008（9）：224-227.

[24] 赵大为，孟媛. 机械化精量播种技术发展研究[J]. 农业科技与装备，2010，6（192）：58-60.

[25] 李宝筏. 农业机械学[M]. 北京：中国农业出版社，2011.

[26] 刘全威，吴建民，王蒂，等. 马铃薯播种机的研究现状及进展[J]. 农机化研究，2013（6）：238-241.

[27] 吴建民，李辉，孙伟，等. 拨指轮式马铃薯挖掘机设计与试验[J]. 农业机械学报，2010，41（12）：76-79.

[28] 吕金庆，衣淑娟，陶桂香，毛欣. 马铃薯气力精量播种机设计与试验[J]. 农业工程学报，2018，34（10）：16-24.

[29] Jonh S. Gardner. New type potato planter invented[J]. American Journal of Potato Research,1957,34(5):149-150.

[30] G. C. Misener, C. D. McLeod. A plot planter for potatoes[J]. American Potato Journal, 1988, 65(5): 289-293.

[31] 王希英，王金武，唐汉，等. 勺式精量玉米排种器取种凹勺改进设计与试验[J]. 东北农业大学学报，2015，46（12）：79-85.

[32] 宋元萍. 马铃薯微型原种播种机关键部件设计[J]. 农业工程，2018，8（7）：98-100.

[33] 桑永英，张东兴，张梅梅. 马铃薯碰撞损伤试验研究及有限元分析[J]. 中国农业大学学报，2008，13（1）：81-84.

[34] 贾晶霞，张东兴，郝新明，等. 马铃薯收获机参数化造型与虚拟样机关键部件仿真[J]. 农业机械学报，2005，36（11）：64-67.

[35] 赵旭志. 2CML—2型马铃薯旋耕起垄种植机设计与性能试验[D]. 太古：山西农业大学，2015.

[36] 孙伟，吴建民，黄晓鹏. 勺匙式玉米精量取种器的设计与试验[J]. 农业工程学报，2011，27（10）：17-21.

[37] 崔亚超. 2CM—4型马铃薯微垄覆膜侧播机的设计与试验研究[D]. 呼和浩特：内蒙古农业大学，2015.

[38] 李鹏鹏，楚雪平. 基于我国北方地区农艺要求的马铃薯播种机设计[J]. 江苏农业科学，2014，42（5）：350-352.

[39] 杜宏伟，尚书旗，杨然兵，等. 我国马铃薯机械化播种排种技术研究与分析[J]. 农机化研究，2011（2）：214-217.

[40] H. Buitenwerf, W. B. Hoogmoed, P. lerink, et al. Assessment of the behaviour of potatoes in a

cup-belt planter[J]. Amerian Journal of Potato Research,1957,34(5):149-150.

[41] Sunil Gulati, Manjit Singh. Design and development of a manually drawn cup type potato planter[J]. Indian Potato Association,2003,30(1-2):61-62.

[42] 贾晶霞. 国内外马铃薯种植机械研究进展[J]. 产业评析，2011（12）：60-62.

[43] 毛琼. 脱毒微型马铃薯播种机关键部件的设计与试验研究[D]. 武汉：华中农业大学，2013.

[44] 刘继平. 德国 VL19E 型双行马铃薯播种机试验研究[J]. 试验研究，2006（6）：19-21.

[45] 谢敬波. 脱毒微型马铃薯排种器设计与试验研究[D]. 武汉：华中农业大学，2012.

[46] 赵润良. 2BMF—1 马铃薯播种机的研制[J]. 农机化研究，2012（10）：100-106.

[47] 赵满全，窦卫国，赵士杰，等. 2BSL—2 型马铃薯起垄播种机的研制[J]. 内蒙古农业大学学报（自然科学版），2001（1）：101-104.

[48] 周桂霞，张国庆，张义峰，等. 2CM—2 型马铃薯播种机的设计[J]. 黑龙江八一农垦大学学报，2004，16（3）：53-56.

[49] 李明金，许春林，李连豪，等. 2CM—4 型马铃薯播种施肥联合作业机的研制[J]. 黑龙江八一农垦大学学报，2012（1）：14-16.

[50] 高明全，张晓东，刘维佳，等. 2CM—2型马铃薯播种机关键部件的设计[J]. 沈阳农业大学学报，2012，43（2）：237-240.

[51] 赵举文，张媛媛，沈立军. 2CMF—2型马铃薯播种机的设计[J]. 现代化农业，2009,4（357）：37-39.

[52] 刘全威，吴建民，王蒂，等. 2CM—2型马铃薯播种机漏播补偿系统的设计与研究[J]. 干旱地区农业研究，2013，31（3）：260-266.

[53] 孙伟，王关平，吴建民. 勺链式马铃薯排种器漏播检测与补种系统的设计与试验[J]. 农业工程学报，2016，32（11）：8-15.

[54] 张晓东. 马铃薯播种器自动补偿系统的设计[J]. 甘肃农业大学学报，2013,2（1）：145-149.

[55] 张晓东，吴建民，孙伟，等. 马铃薯播种器自动补偿系统的设计[J]. 甘肃农业大学学报，2013，48（1）：145-149.

[56] 巩自卫. 马铃薯勺链式排种器漏播检测与自动补偿系统的设计[D]. 兰州：甘肃农业大学，2015.

[57] 史增录，赵武云，吴建民，等. 4UX—550型马铃薯收获机悬挂机组机液耦合仿真[J]. 农业机械学报，2011，42（6）：98-102.

[58] 耿端阳，李玉环，孟鹏祥，等. 玉米伸缩指夹式排种器设计与试验[J]. 农业机械学报，2016，47（5）：68-76.

[59] 王金武，唐汉，周文琪，等. 指夹式精量玉米排种器改进设计与试验[J]. 农业机械学报，2015，46（9）：68-76.

[60] 袁月明. 气吸式水稻芽种直播排种器的理论及试验研究[D]. 长春：吉林大学，2005.

[61] 李紫辉，杨颖，尚琴琴，等. 基于振动机理的马铃薯挖掘机的试验研究[J]. 农机化研究，2016（9）：186-190.

参 考 文 献

[62] 刘文政. 基于振动排序的马铃薯微型种薯播种机设计与试验[J].农业机械学报，2019，50（8）：70-80.

[63] 周祖锷. 农业物料学[M]. 北京：中国农业出版社，1994.

[64] 刘春香. 马铃薯块茎外形与力学流变学性质研究与应用[D]. 哈尔滨：东北农业大学，2006.

[65] 谢敬波，段宏兵，毛琼. 脱毒微型马铃薯机械物理特性试验[J]. 湖北农业科学，2012，51（1）：152-155.

[66] 张子成. 基于 ADAMS 的马铃薯压缩特性仿真[J]. 中国农机化学报，2014，35（2）：103-105.

[67] 石林榕. 马铃薯力学特性与挖掘铲减阻机理研究[D]. 兰州：甘肃农业大学，2013.

[68] 蒋蓓. 夹持式玉米膜上精密穴播轮排种机理及机构的研究[D]. 石河子：石河子大学，2013.

[69] 王振华. 气流分配式牧草播种机关键部件优化与试验[D]. 北京：中国农业大学，2014.

[70] 王东洋，金鑫，姬红涛，等. 典型农业物料机械特性研究进展[J]. 农机化研究，2016（7）：1-8.

[71] 郭丽峰. 立式圆盘大豆排种器型孔优化设计与试验研究[D]. 哈尔滨：东北农业大学，2014.

[72] 王业成. 摩擦式精密排种器的设计与试验研究[D]. 沈阳：沈阳农业大学，2012.

[73] 李洪昌，高芳，李耀明，等. 水稻籽粒物理特性测定[J]. 农机化研究，2014（3）：23-27.

[74] 颜辉. 组合内窝孔玉米精密排种器优化设计新方法研究[D]. 长春：吉林大学，2012.

[75] 丛锦玲，余佳佳，曹秀英，等. 油菜小麦兼用型气力式精量排种器[J]. 农业机械学报，2014，45（1）：46-52.

[76] 丛锦玲. 油菜小麦兼用型气力式精量排种系统及其机理研究[D]. 武汉：华中农业大学，2014.

[77] 杨明芳. 基于离散元法的玉米排种器的数字化设计方法研究[D]. 长春：吉林大学，2009.

[78] 于晓波. 基于虚拟样机的勺式玉米精密排种器的仿真研究[D]. 长春：吉林大学，2014.

[79] 张朋玲. 2BF—6 型油菜联合直播机关键部件设计与试验研究[D]. 武汉：华中农业大学，2013.

[80] 金磊. 大蒜种植机械设计[D]. 北京：中国农业大学，2007.

[81] 金磊，宋建农. 大蒜勺链式排种器取蒜勺的研究[J]. 中国农业机械学会 2006 年学术年会论文集，2006：385-388.

[82] GULATI S, SINGI M. Design and development of a manually drawn cup type potato planter[J]. Indian Potato Association, 2003, 30(1):61-62.

[83] 中国农业机械化科学研究院. 农业机械设计手册（下册）[M]. 北京：机械工业出版社，1998.

[84] 曹成茂，秦宽，王安民，等. 水稻直播机气吹辅助勺轮式排种器设计与试验[J]. 农业机械学报，2015，46（1）：66-72.

[85] 曹秀英，廖宜涛，廖庆喜，等. 油菜离心式精量集排器枝状阀式分流装置设计与试验[J]. 农业机械学报，2015，46（9）：77-84.

[86] 仲云龙，张永良，闫军朝，等. 旋耕灭茬施肥播种联合作业机导种管设计[J]. 农机化研究，2011（12）：98-105.

[87] 赵匀. 农业机械分析与综合[M]. 北京：机械工业出版社，2009.

[88] 王泽明. 舀勺式马铃薯播种机排种器的设计与试验研究[D]. 哈尔滨：东北农业大学，2015.

[89] 王殿忠. 马铃薯播种机排薯器设计[J]. 农业科技与装备，2014，4（238）：31-33.

[90] 吕金庆，杨颖，李紫辉，等. 舀勺式马铃薯播种机排种器的设计与试验[J]. 农业工程学报，2016，32（16）：17-24.

[91] Li J, Webb C, Pandiella S S, et al. Discrete particle motion on sieves-a numerical study using the DEM simulation[J]. Powder Technology, 2003, 133: 190-202.

[92] Paul W Cleary, Mark L Sawley. DEM modeling of industrial granular flows: 3D case studies and the effect of particle shape on hopper discharge[J]. Applied Mathematical Modeling, 2002, 26: 89-111.

[93] J. Favier. Industrial Application of DEM: Opportunities and challenges[C]. Brisbane: DE-MOT, 2007.

[94] Paul W, Cleary. Industrial particle flow modeling using discrete element method[J]. Engineering Computations,2009, 26(6):698-743.

[95] Tanaka H, Momozu M, Inooku K, et al. Simulation of soil deformation and resistance at bar penetration by the distinct element method[J]. Journal of Terramechanics, 2000, 37:41-56.

[96] Makanda J T, Salokhe V M, et al. Effect of time rake angle and aspect ratio on soil failure patterns in dry loam soil[J]. Journal of Terramechanics, 1997, 35(5):233-252.

[97] Shmulevichi I, Asaf Z, Rubinstein D. Interaction between soil and a wide cutting blade using the discrete element method[J]. Soil & Tillage Research, 2007,97:37-50.

[98] Coetzee C J, Els D N J. Calibration of discrete element parameters and the modeling of silo discharge and bucket filling[J]. Computers and Electronics in Agriculture, 2009, 65:198-212.

[99] 钱立斌. 基于离散元法的开沟器的数字化设计方法研究[D]. 长春：吉林大学，2008.

[100] Yang S C, Hsiau S S. Simulation study of the convection cells in a vibrated granular bed[J]. Chemical Engineering Science, 2000, 55(18):3627-3637.

[101] Cleary P W, Sawley M L. DEM modeling of industrial granular flows: 3D case studies and the effect of particle shape on hopper discharge[J]. Applied Mathematical Modelling,2002(26):89-111.

[102] 周德义，马成林，左春柽，等. 散粒农业物料孔口出流成拱的离散单元仿真[J]. 农业工程学报，1996，12（12）：186-189.

[103] 申海芳. 基于离散元法的精密排种器设计与工作过程仿真分析[D]. 长春：吉林大学，2005.

[104] Vu-Quoc L, Zhang X, Walton O R. A 3D discrete-element method for dry granular flows of ellipaoidel particles[J]. Computer Methods in Applied Mechanics and Engineering, 2000, 187:483-528.

[105] Zhang X, Vu-Quoc L. A method to extract the mechanical properties of particles in collision based on a new elasto-plastic normal force-displacement model[J]. Mechanics of Materials, 2002, 34:779-794.

[106] Sakaguchi E, Suzuki M, Favier J F, et al. Numerical simulation of the shaking separation of paddy and brown rice using the discrete element method[J]. Journal of Agricultural Engineering Research, 2001, 79(3):307-315.

[107] 于建群, 申燕芳, 牛序堂, 等. 组合内窝孔精密排种器清种过程的离散元法仿真分析[J]. 农业工程学报, 2008, 24 (5): 105-109.

[108] 刘振宇. 基于离散单元法的精密排种器分析设计软件开发研究[D]. 长春: 吉林大学, 2003.

[109] 王金武, 唐汉, 王奇, 等. 基于 EDEM 软件的指夹式精量排种器排种性能数值模拟与试验[J]. 农业工程学报, 2015, 31 (21): 43-50.

[110] 石林榕, 吴建民, 孙伟, 等. 基于离散单元法的水平圆盘式精量排种器排种仿真试验[J]. 农业工程学报, 2014, 30 (8): 40-48.

[111] 史嵩, 张东兴, 杨丽, 等. 基于 EDEM 软件的气压组合孔式排种器充种性能模拟与验证[J]. 农业工程学报, 2015, 31 (3): 62-69.

[112] 王泰恩, 张宝库. 零速投种导种筒工作面曲线设计的理论探讨[J]. 黑龙江八一农垦大学学报, 1993, 7 (1): 46-50.

[113] 王在满, 罗锡文, 黄世醒, 等. 型孔式水稻排种轮充种过程的高速摄像分析[J]. 农业机械学报, 2009, 40 (12): 56-61.

[114] Karayel D, Wiesehoff M. Laboratory measurement of seed drill seed spacing and velocity of fall of seeds using high-speed camera system[J]. Computers and Electronics in Agriculture,2006, 50(2):89-96.

[115] 邢赫, 臧英, 曹晓曼, 等. 水稻气力式排种器投种轨迹试验与分析[J]. 农业工程学报, 2015, 31 (12): 23-30.

[116] 王冲, 宋建农, 王继承, 等. 穴孔式水稻排种器投种过程分析[J]. 农业机械学报, 2010, 41 (8): 39-43.

[117] 李建华, 刘俊峰, 辛惠娟, 等. 球勺内窝孔小麦精量排种器投种机理的研究[J]. 河北农业大学学报, 2000, 23 (2): 98-104.

[118] 高筱钧, 周金华, 赖庆辉. 中草药三七气吸滚筒式精密排种器的设计与试验[J]. 农业工程学报, 2016, 32 (2): 20-28.

[119] 陈学庚, 钟陆明. 气吸式排种器带式导种装置的设计与试验[J]. 农业工程学报, 2012, 28 (22): 8-15.

[120] 任文涛, 董滨, 崔红光, 等. 水稻种子与斜面碰撞后运动规律的试验[J]. 农业工程学报, 2009, 25 (7): 103-107.

[121] 刘文忠, 赵满全, 王文明, 等. 气吸式排种装置排种性能理论分析与试验[J]. 农业工程学报, 2010, 26 (9): 133-138.

[122] 余佳佳, 丁幼春, 廖宜涛, 等. 基于高速摄像的气力式油菜精量排种器投种轨迹分析[J]. 华中农业大学学报, 2014, 33 (3): 103-108.

[123] 徐晓萌. 充填力研究及浅盆形种盘大豆排种器结构优化[D]. 哈尔滨: 东北农业大学, 2016.

[124] 祁兵. 中央集排气送式精量排种器设计与试验研究[D]. 北京：中国农业大学，2014.

[125] 田立权，王金武，唐汉，等. 螺旋槽式水稻穴直播排种器设计与性能试验[J]. 农业机械学报，2016，47（5）：46-52.

[126] 马云海，马圣胜，贾洪雷，等. 仿生波纹形开沟器减黏降阻性能测试与分析[J]. 农业工程学报，2014，30（5）：36-41.

[127] 翟建波，夏俊芳，周勇. 气力式杂交稻精量穴直播排种器设计与试验[J]. 农业机械学报，2016，47（1）：75-82.

[128] 政东红，陈伟，杜文亮，等. 勺式排种技术及其排种均匀性的研究分析[J]. 农机化研究，2016（7）：106-109.

[129] 王汉羊. 2BMFJ—2 型麦茬地免耕覆秸大豆精密播种机的研究[D]. 哈尔滨：东北农业大学，2013.